# ASTROPHYSIK GANZ LEICHT

## Sterne, Galaxien und das
## Geheimnis des Universums

Tobias Eisenhauer

## Über den Autor

Tobias Eisenhauer, geboren 1981, hat es meisterhaft verstanden, die Komplexität und das Mysterium der Astrophysik zu entwirren und die faszinierende Welt der Sterne für jedermann verständlich zu machen. Mit seinem einnehmenden und klaren Schreibstil erweckt er die Wissenschaft zum Leben und bietet seinen Lesern zahlreiche Momente des Staunens und der Erkenntnis. Seine Fachbeiträge sind nicht nur informativ, sondern auch unterhaltsam, wodurch er eine Brücke zwischen wissenschaftlicher Genauigkeit und allgemeiner Zugänglichkeit schlägt. Eisenhauers Arbeiten sind ein unverzichtbarer Beitrag für alle, die sich für die Geheimnisse des Universums interessieren.

Mehr Informationen finden Sie unter kleinstadt-verlag.de

# ASTROPHYSIK
## *ganz leicht*

STERNE, GALAXIEN UND DAS
GEHEIMNIS DES UNIVERSUMS

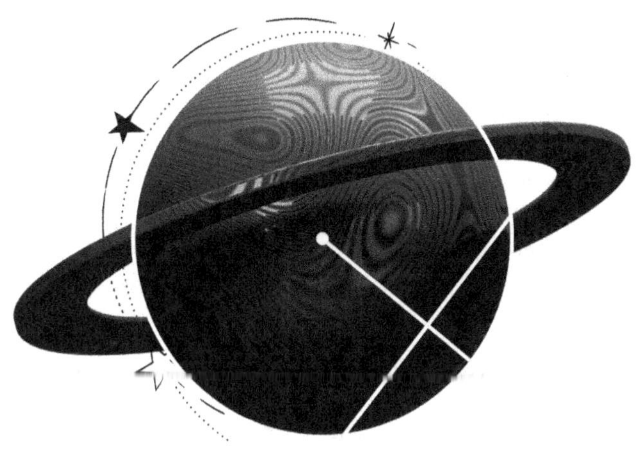

TOBIAS EISENHAUER

kleinstadt

Bibliografische Information der Deutschen Bibliothek
Die Deutsche Bibliothek verzeichnet diese Publikation in der Deutschen Nationalbibliografie; detaillierte bibliografische Daten sind im Internet über http://dnb.ddb.de abrufbar.

Für Fragen, Kritik und Anregungen:
kontakt@kleinstadt-verlag.de





Originalausgabe
1. Auflage Januar 2024
©2024 by Kleinstadt Verlag, ein Imprint von Kleinstadt Fachbuch- und Medienverlag | Lindenstraße 18 | D-96163 Gundelsheim
Text: Tobias Eisenhauer
Lektorat: Marie Clemens
Umschlaggestaltung Front: Markus Winter
Abbildungen Front: thehalaldesign; sketchify


ISBN Print 978-3-949926-57-0
ISBN Hardcover 978-3-949926-58-7


---

Weitere Informationen zum Herausgeber finden Sie unter

## kleinstadt-verlag.de

# INHALT


VORWORT ..................................................... 7

DIE ENTDECKUNG DES UNIVERSUMS ......................... 9
Wunderbares Universum ................................... 11
Konzepte und Ziele ....................................... 14

KOSMISCHE GRUNDLAGEN ................................... 19
Der Sternenhimmel ........................................ 21
Bewegung der Himmelskörper ............................ 30
Teleskope und Technik .................................... 37

DIE PLANETARE VIELFALT ................................. 45
Die Sonne ................................................ 46
Die inneren Planeten ..................................... 50
Die Gasriesen ............................................ 54
Die Eisriesen ............................................ 56
Kleinere Bewohner des Sonnensystems .................... 58

DIE WISSENSCHAFT DER STERNE ........................... 61
Leuchtende Kugeln ........................................ 62
Sternentypen ............................................. 67

DIE ARCHITEKTUR DES UNIVERSUMS ........................ 74
Definition und Charakteristika ........................... 75
Die Milchstraße .......................................... 77
Galaxienhaufen ........................................... 82
Entstehung und Entwicklung .............................. 84

## GEHEIMNISVOLLE DUNKELHEIT .......89

Entstehung und Charakteristika .......90

Typen von Schwarzen Löchern .......91

Eigenschaften und Besonderheiten .......94

Unbeantwortete Fragen .......99

Ein Dunkles Vermächtnis .......103

## DIE PHYSIKALISCHE NATUR DES UNIVERSUMS ... 107

Die Grundlagen der Physik .......108

Quantenmechanik und Relativitätstheorie .......110

Die Rolle von Symmetrien und Konstanten .......112

Der Urknall .......113

Die große vereinheitlichte Theorie (GUT) .......115

Die Bedeutung der physikalischen Gesetze .......116

## AUF DEN SPUREN DER GRAVITATIONSWELLEN ....118

Was sind Gravitationswellen? .......119

Entstehung der Gravitationswellen .......120

Ein neues Fenster ins Universum .......125

## EXOPLANETEN UND DIE SUCHE NACH LEBEN ......129

Definition und Entdeckung .......130

Erkennungsmethoden .......132

Typen von Exoplaneten .......134

Die Suche nach Leben .......136

Ein Universum voller Hoffnung? .......143

## SIND WIR ALLEIN IM UNIVERSUM? .......149

Die Möglichkeit außerirdischen Lebens .......149

Die Frage des Kontakts .......151

Auswirkungen auf die Menschheit .......154

Meilensteine der Astrophysik .......158

Häufige Fragen .......162

Glossar .......167

# VORWORT

Das Universum, unermesslich in seiner Weite, birgt Erzählungen, die älter sind als das Konzept der Zeit. Dieses Buch ist mein Versuch, einige dieser Geschichten zu erzählen und die Geheimnisse des Kosmos einem breiteren Publikum zugänglich zu machen. Mit diesem Buch lade ich dich ein, auf eine Entdeckungsreise zu gehen, die sowohl erhellend als auch bereichernd ist.

Meine Faszination für die Sterne und das Weltall begleitet mich bereits seit meiner Jugend. Die Nacht unter einem Sternenhimmel zu verbringen, hat mir stets das Gefühl gegeben, Teil von etwas Großem und Unerklärlichem zu sein. Mit diesem Buch möchte ich diese Erfahrung mit dir teilen und die Begeisterung für die Astrophysik an dich weitergeben.

Dieses Buch ist eine Einladung, die Wunder des Universums aus einem neuen Blickwinkel zu betrachten. Ich habe mich bemüht, die komplexen und manchmal verwirrenden Konzepte der Astrophysik in einer Weise zu präsentieren, die sowohl verständlich als auch ansprechend ist.

Anstatt sich auf Formeln und abstrakte Theorien zu konzentrieren, legt dieses Buch Wert auf die erzählerischen und menschlichen Aspekte der astronomischen Entdeckungen.

In diesem Buch wirst du nicht nur lernen, wie Sterne geboren werden und sterben, sondern auch, wie die Astronomie unser Verständnis von Zeit und Raum geprägt hat. Von den alten Zivilisationen, die den Himmel studierten, hin zu den modernen Wissenschaftlern, die die Geheimnisse des Universums entschlüsseln - jede Seite dieses Buches ist gefüllt mit Geschichten, die sowohl inspirieren und informieren.

Mein Ziel ist es, dass diese Seiten alle Leser mit einem Gefühl der Verwunderung und einem tieferen Verständnis für das Universum, in dem wir leben, zurücklassen. Möge deine Reise durch die Astrophysik so faszinierend sein wie die unzähligen Sterne, die jede Nacht über uns funkeln.

# DIE ENTDECKUNG DES UNIVERSUMS

In den klaren Nächten meiner Kindheit war der Sternenhimmel meine stille Zuflucht. Unsere ländliche Gegend, abseits der großen Metropolen, war gesegnet mit einem Himmel, der sich nachts in ein funkelndes Meisterwerk verwandelte. Es war meine kleine Tradition, mich auf die Wiese hinter unserem Haus zu schleichen, in eine Decke zu hüllen und auf den Rücken zu legen, die warme Sommerluft in meinen Lungen zu spüren und einfach nur in den Himmel emporzuschauen.

In diesen Momenten fühlte ich mich winzig und gleichzeitig unendlich, während der Himmel seine Geheimnisse preisgab. Die Sterne schienen in endloser Anzahl aufgereiht, als würden sie eine Geschichte erzählen, die ich bislang nicht verstand. Doch meine kindliche Neugier war nicht so leicht zu befriedigen.

Meine ersten Versuche, den Himmel zu entschlüsseln, bestanden darin, meine Eltern mit endlosen Fragen zu löchern. »Warum sind manche Sterne heller als andere?«, platzte es aus mir heraus, als ich gerade einmal so groß wie das Teleskop meines Vaters war. Mein Vater, ein Hobbyastronom, liebte diese Momente und versuchte immer, meine Fragen so gut wie möglich zu beantworten. »Das hängt von der Entfernung und der Art des Sterns ab«, erklärte er geduldig. Meine Mutter, obwohl weniger begeistert von den Tiefen des Weltraums, versuchte, mit einer Taschenlampe in der Hand und einer Kugel als Erdersatz einen Sonnenaufgang zu simulieren.Ich fand das alles faszinierend, aber meine kindliche Neugier nach den Geheimnissen des Universums war dadurch keineswegs gestillt. Jede Antwort, die ich erhielt, führte zu einer neuen Frage. Das Universum schien unendlich komplex und gleichzeitig verlockend, wie ein ungelöstes Rätsel, das darauf wartete, erforscht zu werden.

Die Jahre vergingen und meine kindliche Faszination für den Himmel wuchs mit mir. Die Schule brachte mir mehr Wissen über Mathematik und Naturwissenschaften bei, aber meine Begeisterung für die Sterne blieb ungebrochen. Als ich schließlich vor der Wahl stand, welchen Weg ich in meinem Studium einschlagen sollte, entschied ich mich ohne zu zögern für die Astrophysik.

Das Studium der Astrophysik war das Durchschreiten einer Tür zu einem Universum voller Möglichkeiten. Ich lernte die Grundlagen der Physik und Mathematik und entdeckte dabei die Schönheit der Wissenschaft, die darin besteht, die Muster des Himmels zu verstehen. Meine Kommilitonen und ich verbrachten Nächte in Observatorien, beobachteten Sterne und analysierten Daten. Jeder Blick durch ein Teleskop fühlte sich an wie das Fenster zu einer anderen Welt.

Doch der wirkliche Wendepunkt kam in einer lauen Sommernacht auf dem Campus. Wir hatten ein besonders leistungsstarkes Teleskop aufgebaut. Als ich hindurchblickte, wurde mir plötzlich klar – die Sterne, die ich so oft bewundert hatte, waren keineswegs isolierte Leuchtpunkte am Himmel. Sie waren Teil eines riesigen Netzwerks von Galaxien, Sternen und Planeten – ein Universum in ständiger Bewegung und Veränderung. Es fühlte sich an, als hätte ich einen Schlüssel zu einem kosmischen Puzzle gefunden, das mein kindliches Staunen in eine tiefere, wissenschaftliche Leidenschaft verwandelte.

Die Sterne waren Bausteine eines unfassbar komplexen Systems, das ich nur ansatzweise zu verstehen begann. Der Himmel über mir entpuppte sich als Bühne, auf der sich die größten Geschichten des Universums abspielten.

Und nun, Jahre später, möchte ich dich einladen, diese Reise durch die Astrophysik mit mir anzutreten. Lass uns gemeinsam in die Unendlichkeit des Weltraums eintauchen und die Geheimnisse unseres faszinierenden Universums enthüllen. Dies wird eine Reise voller Entdeckungen, Fragen und vielleicht sogar ein paar Sternschnuppen. Bist du bereit, das Universum zu erkunden?

## | WUNDERBARES UNIVERSUM

Eingehüllt in die Dunkelheit der Nacht, entfacht der Anblick des Sternenhimmels seit jeher eine anziehende Neugier in den Herzen der Menschen. Diese Faszination ist keine moderne Erscheinung, denn sie reicht weit in die Geschichte der Menschheit zurück. In den prähistorischen Nächten, als unsere Vorfahren um das wärmende

Holzfeuer versammelt waren, hoben sie ihre Blicke zum Himmel und stellten sich unweigerlich die Frage: »Was sind diese leuchtenden Punkte dort oben und welchen Einfluss haben sie auf unser Leben?«.

Unsere Vorfahren, ohne wissenschaftliche Werkzeuge und Erklärungen, projizierten ihre Träume, Ängste und Hoffnungen auf den Sternenhimmel. Sterne wurden zu Geschichtenerzählern am nächtlichen Firmament, zu Göttern und Mythen, die den Lauf der Welt beeinflussten.

Mit dem Fortschreiten der Zeit entwickelten sich die Menschen und ihre Kulturen. Und mit diesen Kulturen wuchs die Sehnsucht nach dem Wissen über die Himmelskörper.

Astronomische Beobachtungen wurden zu einem zentralen Bestandteil vieler Kulturen, sei es bei den antiken Griechen, den chinesischen Gelehrten oder den aztekischen Priestern. Das Verlangen, den Himmel zu verstehen, trieb uns an, die Sternbilder zu kartografieren, Sonnen- und Mondfinsternisse zu deuten und den Jahreszeiten astronomische Bedeutung zuzuschreiben.

In der Renaissance erlebte die Begeisterung für die Himmelskörper eine kulturelle Blütezeit. Astronomen wie *Johannes Kepler* und *Galileo Galilei*, oft im Konflikt mit den dogmatischen Ansichten ihrer Zeit, wagten es, den Himmel durch selbst gebaute Teleskope zu erforschen. Ihre Entdeckungen rüttelten an den Grundfesten unseres Weltbildes und legten den Grundstein für das, was wir heute als Astrophysik kennen.

So wuchs die Faszination für das Universum mit der Entwicklung der Teleskoptechnologie und der

Einbindung neuer wissenschaftlicher Methoden. Jede neue Entdeckung eröffnete ein Fenster zu einer bisher unbekannten Welt. Die Entdeckung von Planeten jenseits unseres Sonnensystems, die Erforschung von Galaxien weit entfernt von unserer Milchstraße und die Erklärung der Naturgesetze, die das Universum lenken, wurden zu wichtigen Meilensteinen auf unserer Reise der Erkenntnis.

Heute, im Zeitalter der Raumfahrt und fortschrittlicher Teleskope, hat die Bewunderung für die Astrophysik nichts von ihrer Kraft verloren. Der Blick zum Himmel bleibt nicht nur eine wissenschaftliche Unternehmung, sondern eine Reise zu den Wurzeln unserer Neugier und zu den Sternen, die seit Äonen unsere Fantasie entfachen. Es ist die Faszination für das Unbekannte, die uns antreibt, den Raum zu erkunden, nach Antworten zu suchen und letztlich unsere Position als Mensch im Universum zu verstehen.

Wenn wir uns auf den Weg durch die Welt der Astrophysik machen, nehmen wir das Vermächtnis einer jahrtausendealten Begeisterung mit uns. Die nächtlichen Sternenbilder haben unzählige Generationen beeinflusst, ihre Erzählungen geprägt und die Richtung der Wissenschaft bestimmt. Möge diese Faszination uns weiterhin leiten, während wir gemeinsam die Geheimnisse des Universums enthüllen. Lass uns in die Geschichte eintauchen, die uns mit den Sternen verbindet und die Begeisterung weitertragen, die seit Anbeginn der Zeit in unseren Herzen glüht.

# KONZEPTE UND ZIELE

Die Astrophysik, ein mehr als spannender Zweig der Naturwissenschaften, widmet sich der Erforschung des Universums und der physikalischen Gesetze, die es lenken. Doch bevor wir uns auf unsere Reise durch die Tiefen des Weltraums begeben, ist es wichtig, die grundlegenden Konzepte und Ziele zu verstehen, die das Fundament dieser magischen Wissenschaft bilden.

## Das Universum als Labor

In der Astrophysik betrachten wir das gesamte Universum als unser Labor. Anders als in vielen anderen Wissenschaftszweigen haben wir keinen direkten Zugang zu den Objekten, die wir studieren. Es gibt keine Möglichkeit, einen Stern zu wiegen oder einen Planeten im herkömmlichen Sinne zu berühren. Stattdessen analysieren wir Licht, Strahlung und andere Signale, die uns von den Himmelskörpern erreichen. Diese Informationen sind unsere Werkzeuge, um die Naturgesetze auf extraterrestrische Phänomene anzuwenden.

Dieser einzigartige Forschungsansatz ermöglicht es uns, erstaunliche Entdeckungen über das Universum zu gewinnen. Indem wir die Signale decodieren, die über unermessliche Entfernungen zu uns gelangen, können wir die Zusammensetzung ferner Sterne, die Umlaufbahnen von Exoplaneten[1] und die Dynamik von Galaxien entschlüsseln. Jedes neu entdeckte Phänomen erweitert unser Verständnis des Kosmos und unserer

---

[1] Ein Planet, der außerhalb unseres Sonnensystems um einen anderen Stern kreist.

Stellung darin. In der Astrophysik sind Geduld und Präzision gefragt, denn das Sammeln und Interpretieren dieser kosmischen Botschaften ist eine Herausforderung, die nur mit fortschrittlichen Technologien und scharfem analytischem Denken gemeistert werden kann.

## Die Verbindung von Physik und Astronomie

Astrophysik vereint die Prinzipien der Physik und der Astronomie. Während die Astronomie den Himmel beobachtet und Himmelskörper klassifiziert, geht die Astrophysik einen Schritt weiter und forscht nach den physikalischen Prozessen, die diese Phänomene antreiben. Es ist die Anwendung von physikalischen Gesetzen auf kosmische Maßstäbe, die diese Wissenschaft so einzigartig macht. Von der Bewegung der Planeten bis zur Entstehung von Schwarzen Löchern – alles unterliegt den fundamentalen Prinzipien der Physik.

In der Astrophysik finden wir eine bezaubernde Vermischung von theoretischer Arbeit und empirischer Beobachtung. Astrophysiker nutzen mathematische Modelle und physikalische Theorien, um Vorgänge im Universum zu verstehen und vorherzusagen. Gleichzeitig stützen sie sich auf Beobachtungen durch Teleskope und Raumsonden, um ihre Theorien zu testen und weiterzuentwickeln. Diese Kombination aus Theorie und Beobachtung ermöglicht es uns, so manches Geheimnis des Universums zu entschlüsseln.

Die Astrophysik hat zu beeindruckenden Entdeckungen geführt, wie der Bestätigung der Existenz von Schwarzen Löchern und der Erweiterung unseres Verständnisses der dunklen Materie und der dunklen Energie. Diese

Konzepte waren einst reine Theorie, sind aber durch die Fortschritte in der Beobachtungstechnologie und in der theoretischen Physik zu Eckpfeilern unseres Verständnisses des Universums geworden. Durch die Astrophysik verstehen wir besser, wie Sterne geboren werden, leben und sterben und vor allem, wie Galaxien sich formen und entwickeln.

Diese Wissenschaft hat nicht nur unser Wissen über das Universum erweitert, sondern unsere Vorstellungskraft angeregt. Die Astrophysik führt uns vor Augen, wie unglaublich und vielfältig das Universum ist. Sie zeigt uns, dass wir in einem dynamischen, sich ständig verändernden Kosmos leben, in dem Phänomene wie Sternenkollisionen, Pulsare und Gravitationswellen nicht nur faszinierend, sondern grundlegend für das Verständnis des Gewebes der Raumzeit sind.

Die Astrophysik ist somit das Schlüsselfeld der modernen Wissenschaft, das dazu beiträgt, unsere Neugier und unseren Drang zu erforschen und zu nähren. Sie erinnert uns daran, dass wir noch viel zu lernen haben und jede neue Entdeckung uns ein Stück näher an das Verständnis des großen, wundersamen Universums bringt, in dem wir leben.

## Die Suche nach den Ursprüngen

Ein zentrales Ziel der Astrophysik ist es, die Ursprünge des Universums zu verstehen. Wie ist das Universum entstanden? Wie hat es sich im Laufe der Zeit entwickelt? Diese Fragen führen zu Theorien wie dem Urknall und Konzepten wie der kosmischen Inflation. Die Astrophysik strebt danach, den Ursprung der ersten Sterne, Galaxien und Strukturen zu entschlüsseln, um ein umfangreiches Bild von der Evolution des Universums zu zeichnen.

Außerdem beschäftigt sich die Astrophysik mit der Erforschung der fundamentalen Naturgesetze, die das Universum regieren. Durch das Studium der extremen und entferntesten Objekte im Universum versuchen Astrophysiker, die Grenzen unserer physikalischen Theorien zu testen und zu erweitern.

## Die Natur der dunklen Materie und Energie

Ein Großteil des Universums besteht aus dunkler Materie und dunkler Energie, die uns bisher weitgehend unbekannt sind. Die Astrophysik setzt sich das Ziel, diese rätselhaften Bestandteile zu identifizieren und zu verstehen. Diese unsichtbaren Komponenten beeinflussen die Struktur des Universums auf großräumigen Skalen und sind entscheidend für unser Verständnis der kosmischen Dynamik.

Die Herausforderung bei der Erforschung von dunkler Materie und dunkler Energie liegt in ihrer Unfassbarkeit. Dunkle Materie interagiert nicht oder nur sehr schwach mit elektromagnetischer Strahlung, was sie für Teleskope unsichtbar macht. Ihre Existenz und Eigenschaften können wir nur indirekt durch ihre gravitative Wirkung auf sichtbare Materie, wie die Bewegung von Galaxien und die Lichtablenkung, erschließen.

Dunkle Energie hingegen, die als treibende Kraft hinter der beschleunigten Expansion des Universums angesehen wird, bleibt noch viel rätselhafter. Ihre Natur und ihr Einfluss auf die Zukunft des Universums sind zentrale Fragen in der modernen Kosmologie und

Astrophysik. Forscher arbeiten intensiv daran, die Eigenschaften der Dunklen Energie zu verstehen, was letztlich zu einem einfacheren Verständnis der Gesamtdynamik des Universums führen könnte.

## Die Suche nach außerirdischem Leben

Auch die Suche nach außerirdischem Lebensformen ist ein großes Ziel der Astrophysik. Durch die Entdeckung von Exoplaneten und die Untersuchung lebensfreundlicher Zonen hoffen Astrophysiker, Hinweise auf extraterrestrisches Leben zu finden. Diese Suche ist nicht nur von wissenschaftlichem Interesse, sondern berührt weitgehend die Fragen nach unserer Existenz und unserer Rolle im Universum.

Wie würde die Entdeckung außerirdischen Lebens unsere Sicht auf das Universum verändern? Die Möglichkeit, dass es irgendwo in der Unendlichkeit des Alls andere Lebensformen gibt, fasziniert und inspiriert. Sie wirft grundlegende Fragen über die Einzigartigkeit des Lebens auf der Erde und unsere Verantwortung im kosmischen Maßstab auf. Während wir weiterhin Technologien entwickeln, um entferntere und kleinere Exoplaneten zu erforschen, steigt die Wahrscheinlichkeit, dass wir auf Zeichen von Leben stoßen könnten, das sich unter ganz anderen Bedingungen als auf der Erde entwickelt hat. Diese potenzielle Entdeckung könnte unser Verständnis von Leben, seiner Vielfalt und den Bedingungen, unter denen es entstehen kann, grundlegend erweitern.

# KOSMISCHE GRUNDLAGEN

In einer warmen Sommernacht, als der Himmel von unzähligen Sternen übersät war und die Dunkelheit von geheimnisvollem Glanz erfüllt wurde, erlebte ich ein nächtliches Abenteuer, das meine Liebe zur Astronomie weiter entfachte.

Es begann mit der schlichten Idee, den üblichen Stadttrubel hinter mir zu lassen und einen Ort aufzusuchen, der frei von künstlichem Licht war. Gemeinsam mit einigen Freunden machte ich mich auf den Weg zu einem ländlichen Hügel, fernab der grellen Lichter unserer Kleinstadt. Als wir unsere Decken auf dem Gras ausbreiteten und uns zurücklehnten, öffnete sich über uns ein Schauspiel, das die Unendlichkeit des Universums preisgab.

Die ersten Sterne traten hervor, als würde die Nacht ihre ganzen Schätze enthüllen. Doch es war nicht nur ihre Anzahl, sondern die Ungleichheit, die mich in ihren Bann zog. Die Sterne schienen in unterschiedlichen Farben und Helligkeiten zu funkeln, als würden sie Geschichten von fernen Welten erzählen. Der Anblick des Himmels wurde zu einem lebendigen Gemälde, das sich über uns erstreckte.

In dieser zauberhaften Nacht führte uns ein Freund durch die Wunder des Sternenhimmels. Mit bloßem Auge erkannten wir Sternbilder, die seit Jahrhunderten die Fantasie der Menschen beflügelt hatten. Der Große Wagen wies uns den Weg und die Milchstraße spannte sich wie ein schimmerndes Band über den gesamten Himmel.

Doch das wahre Erlebnis begann, als ein Teleskop zum Einsatz kam. Plötzlich öffneten sich Tore zu fernen Galaxien. Wir sahen Ringe um Saturn, die uns den Atem raubten. Der Mond erschien plötzlich nicht mehr als einfacher Begleiter, vielmehr als Welt mit Tälern, Bergen und Kratern. Jeder Blick durch das Teleskop enthüllte ein neues Detail, das zuvor im schier endlosen Ozean des Himmels verborgen war.

Diese nächtliche Odyssee unter dem Sternenhimmel weckte meine Faszination für die Astronomie und verdeutlichte die tiefe Verbindung, die Menschen seit jeher zu den Sternen empfinden. Der Himmel über uns, so schien es, war ein Universum voller Rätsel, bereit, von neugierigen Entdeckern erkundet zu werden.

In diesem Kapitel werden wir uns auf eine ähnliche Reise begeben, um die Grundlagen der Astronomie zu erkunden. Wir werden den Blick nach oben richten, um die Bewegungen der Himmelskörper zu verstehen, uns mit den Instrumenten vertraut machen, die Astronomen verwenden und uns von der Schönheit und Vielfalt des Sternenhimmels inspirieren lassen. Bereite dich vor, denn die Sterne sind mehr als strahlende Punkte am Himmel – die Sterne sind die Tore zu den unendlichen Weiten des Universums.

# DER STERNENHIMMEL

Wenn wir uns nachts unter den Sternenhimmel begeben, öffnet sich vor uns ein riesiges Buch voller Geschichten, Mythen und Wunder. Der erste Schritt, um dieses kosmische Buch zu verstehen, ist ein Überblick über die unterschiedlichen Himmelsobjekte, die das nächtliche Himmelszelt bevölkern.

## Die Sterne

Sterne sind die wahren Hauptdarsteller des nächtlichen Schauspiels. Mit bloßem Auge betrachtet mögen sie als einfache Lichtpunkte erscheinen, aber in Wirklichkeit sind sie gewaltige, leuchtende Kugeln aus heißem Gas. Unterschiedliche Sterne haben unterschiedliche Helligkeiten, Farben und Lebenszyklen. Einige erscheinen gelblich, andere bläulich oder rötlich und ihre Erscheinung kann von der Erde aus im Laufe der Nacht variieren.

Jeder Stern ist ein faszinierendes Individuum in der kosmischen Symphonie. Ihre Helligkeit, auch als *scheinbare Magnitude* bezeichnet, hängt von ihrer Entfernung zur Erde und ihrer intrinsischen Leuchtkraft ab. Je näher ein Stern ist und je heller er von Natur aus strahlt, desto intensiver erscheint er am Nachthimmel.

Doch nicht nur die Helligkeit variiert. Die Farbe der Sterne ist ein weiterer spannender Aspekt. Diese Palette reicht innerhalb der Spektralklasse[2] von den hellgelben G- und K-Zwergen, zu denen unsere Sonne gehört, hin zu den heißen, blauen O- und B-Sternen. Die Farbgebung gibt Hinweise auf die Temperaturen der Sterne, wobei blaue Sterne tendenziell heißer sind als ihre gelben oder roten Pendants.

Ein Blick in die Geschichten der Sterne offenbart zudem ihre Lebenszyklen. Sterne durchlaufen Phasen der Geburt, des Älterwerdens und des Absterbens. Die Entstehung beginnt in riesigen Gas- und Staubwolken, in denen sich Materie langsam zusammenzieht, bis der Druck und die Hitze ausreichen, um eine thermonukleare Reaktion zu entfachen.

Während ihres Lebens stabilisieren Sterne ihre Energieproduktion durch die Fusion von Wasserstoff zu Helium. In dieser Phase leuchtet der Stern stabil und strahlt Licht und Wärme aus. Die Dauer dieses Stadiums hängt von der Masse des Sterns ab. Kleinere Sterne, wie rote Zwerge, können über Billionen von Jahren stabil leuchten, während größere Sterne, wie blaue Riesen, ihre Energievorräte schneller erschöpfen.

Das ergreifendste Kapitel im Leben eines Sterns ist jedoch sein Abschied. Wenn die interne Energiequelle erschöpft ist, durchlaufen Sterne spektakuläre Transformationen. Kleinere Sterne werfen ihre äußeren Schichten ab und werden zu Weißen Zwergen, während größere Sterne in gewaltigen Supernova-Explosionen enden. Diese Explosionen sind nicht nur atemberaubend,

---

[2] Eine Klassifizierung der Sterne; gibt Aufschluss über seine Größe, Temperatur und Zusammensetzung.

sondern die Geburtsstätten neuer Elemente, die dann in den Weltraum zurückgeworfen werden und die Grundbausteine für zukünftige Sterne und Planeten liefern.

Der Blick zu den Sternen ist also nicht nur ein romantischer Akt, vielmehr ein Einblick in die Lebenszyklen, die den Kosmos durchziehen. Jeder funkelnde Punkt am Himmel erzählt die Geschichte einer kosmischen Geburt, dem Leben und der Veränderung – ein faszinierendes Theaterstück, das jede Nacht am Himmel aufgeführt wird.

## Planetarische Nachbarn

Doch der nächtliche Himmel ist nicht nur das Zuhause der Sterne. Wie tanzende Himmelswanderer durchqueren auch Planeten den Bogen des Firmaments. Ihre Bewegungen sind eine Abwechslung zu den scheinbar fixen Sternen.

Die hellsten Sterne am Himmel tragen altbekannte Namen wie Sirius, Betelgeuse und Vega. Im Kontrast dazu offenbaren die Wanderer – jene Himmelskörper, die wir heute als Planeten kennen – eine eigenständige Dynamik. Merkur, Venus, Mars, Jupiter und Saturn zeichnen auf ihrer Reise durch das All elegante Bahnen und sind mit bloßem Auge sichtbar. Ihre scheinbare Helligkeit und ihre charakteristischen Farben haben die Menschheit seit jeher in ihren Bann gezogen.

In der Antike betrachteten die Menschen diese beweglichen Himmelskörper mit Staunen und Ehrfurcht. Die Wanderung der Planeten gegenüber den fixen

Sternen[3] schien ein Rätsel zu sein, das die Frühgeschichte der Astronomie prägte. Für die frühen Beobachter war es ein göttliches Ballett am Firmament, das ihre Neugier weckte und Raum für mystische Interpretationen bot.

Die Assoziation der Planeten mit Göttern und mystischen Kräften findet sich in zahlreichen mythologischen Geschichten verschiedener Kulturen wieder. Die Ägypter sahen in Merkur den Boten der Götter, die Griechen identifizierten ihn mit Hermes, dem geflügelten Boten. Venus war sowohl als Morgen- und Abendstern für viele Kulturen von besonderer Bedeutung. Mars, der rötliche Planet, inspirierte Geschichten über Kriege und Heldentaten.

Jupiter, der mächtigste der Planeten, erhielt seinen Namen von dem höchsten römischen Gott. Sein majestätischer Anblick in der Nacht verlieh ihm eine fast königliche Präsenz. Saturn, mit seinem auffälligen Ring, bot Raum für Spekulationen und regte die Fantasie der Menschen an.

Die rätselhaften Wege der Wanderer am Himmel waren eine astronomische Herausforderung, aber auch eine Quelle der Inspiration für antike Kulturen. Diese Planeten waren Dichter am Himmel, die den Menschen den Weg zu den Sternen wiesen und ihre kühnsten Träume beflügelten. So tanzen die Planeten durch die Jahrhunderte, verbunden mit den uralten Geschichten und der zeitlosen Faszination des menschlichen Blicks zum Himmel.

---

[3] Sterne mit scheinbar festen Positionen am Himmel.

## Der Mond

In seiner ständigen Reise um die Erde nimmt der Mond eine zentrale Rolle im nächtlichen Himmel ein. Seine wechselnden Phasen, von der zarten Sichel bis zur strahlenden Vollmondkugel, sind nicht nur Anlass für Poesie und Romantik, sondern ein Fenster in die dynamischen Beziehungen zwischen Erde, Mond und Sonne.

Die Mondphasen sind ein wunderbares Beispiel für die Schönheit der Himmelsmechanik. In jedem Mondzyklus ändert sich die Position des Mondes relativ zur Sonne. Dies spiegelt sich in den verschiedenen Beleuchtungsphasen wider. Die dünnen, sichelförmigen Phasen entstehen, wenn der Mond sich zwischen der Erde und der Sonne befindet, während der Vollmond erscheint, wenn die Erde zwischen Mond und Sonne steht.

Betrachten wir die Mondoberfläche, so offenbart sich uns ein Buch der kosmischen Geschichte. Die unzähligen Krater, Schluchten und Berge, die auf seiner Oberfläche zu erkennen sind, zeugen von einer langen Geschichte des kosmischen Bombardements. In vergangenen Äonen wurden Meteoriten und Asteroiden auf den Mond geschleudert – ihre Narben sind stumme Zeugen dieser gewaltigen Kollisionen.

Die Mondlandschaft, in ihrer scheinbaren Stille erstarrt, erzählt von den Kräften, die das Sonnensystem geformt haben. Jeder Krater ist ein Eintrag in die Chronik der kosmischen Ereignisse. Die dunklen, glatten Ebenen, die als Maria bezeichnet werden, sind das Ergebnis von Lavaflüssen, die vor Milliarden von Jahren über die Mondoberfläche flossen und sich abkühlten.

Doch der Mond hat nicht nur eine passive Rolle im Universum inne. Seine Anziehungskraft beeinflusst die Gezeiten auf der Erde und hat in der Geschichte der Raumfahrt als erste Station für den Menschen gedient. Die Fußabdrücke der Astronauten, die die Mondoberfläche betraten, sind Symbole für den menschlichen Ehrgeiz, neue Horizonte zu erschließen und die Geheimnisse des Kosmos zu erkunden.

So bleibt der Mond nicht nur ein majestätischer Beobachter am nächtlichen Himmel, sondern auch ein lebendiges Dokument der kosmischen Ereignisse. In seiner ständigen Umlaufbahn wird er weiterhin Geschichten erzählen, von vergangenen Kollisionen bis zu den ersten menschlichen Schritten auf seiner Oberfläche. Und während er über uns wacht, regt er die Fantasie an und erinnert uns an die unendlichen Wunder des Universums.

## Galaxien und Nebel

Abseits der vertrauten Lichtpunkte am Himmel erstreckt sich eine kosmische Landschaft, die unsere Vorstellungskraft herausfordert und die unermessliche Größe des Universums verdeutlicht. Galaxien, diese gewaltigen Ansammlungen von Sternen, Gas, Staub und dunkler Materie, bilden die Bausteine des kosmischen Gewebes.

Unsere eigene Galaxie, die Milchstraße, ist ein blass leuchtendes Band, das sich über den gesamten Himmel erstreckt. Wenn wir sie betrachten, sehen wir Millionen von Sonnen, die sich in einem gewaltigen spiralförmigen System winden. Hier, in unserer kosmischen Heimat, finden sich die Geburtsstätten unzähliger Sterne, die Endphasen ihres Lebens und die Überreste von Supernova-Explosionen[4].

Doch die Milchstraße ist nur eine von unzähligen Galaxien im Universum. Beobachten wir den Himmel genauer, entdecken wir verschwommene Flecken, die auf entfernte Galaxien hinweisen. Diese entfernten Inseln des Lichts sind riesige Ansammlungen von Sternen, die zusammen durch die Gravitationskraft verbunden sind.

Ein besonders beeindruckendes Beispiel für diese kosmischen Inseln ist die Andromedagalaxie, unsere galaktische Nachbarin. Lichtjahre entfernt, nähert sich diese gigantische Galaxie der Milchstraße. In den nächsten Milliarden Jahren werden sich die Bahnen dieser beiden Galaxien miteinander verweben. So werden sie zu einem neuen, vereinten Galaxienensemble verschmelzen.

Neben den Galaxien ziehen diffuse Nebel unsere Aufmerksamkeit auf sich. Der Orionnebel, ein leuchtender Fleck im Schwert des Orion, ist ein Beispiel für solche spektakulären Regionen. Hier, inmitten von Gas und Staub, entstehen neue Sterne. Die Materie in diesen Nebeln wird durch Gravitationskräfte zusammengezogen, bis der Druck und die Hitze ausreichen, um eine neue Generation von Sternen hervorzubringen.

---

[4] Eine gewaltige Explosion eines Sterns am Ende seines Lebenszyklus, die eine enorme Menge an Energie und Materie ins Weltall schleudert.

Galaxienwelten und diffuse Nebel [5]sind das Fenster zu den fundamentalen Prozessen des Universums. Sie erzählen von der ungeheuren Vielfalt der kosmischen Landschaft und geben Einblicke in die Entstehung, Entwicklung und das Schicksal von Sternen und Galaxien. Wenn wir zu den Sternen blicken, lassen uns diese entfernten Galaxien und Nebel an der schier endlosen Weite des Universums teilhaben und regen uns an, über die Grenzen unseres eigenen Heimatplaneten hinaus zu träumen.

## Satelliten und Raumstationen

In einer Ära, in der die Menschheit den Rand des Weltraums erkundet, haben von Menschen geschaffene Objekte ihren Platz im nächtlichen Himmel gefunden. Satelliten, kleine technologische Wunder, umkreisen die Erde in einer synchronisierten Choreografie, als wären sie leuchtende Perlen auf einem kosmischen Band.

Diese von Menschen geschaffenen Himmelsobjekte, die als helle Punkte am Himmel erscheinen, erfüllen eine Vielzahl von Funktionen. Einige dienen der Kommunikation und ermöglichen es uns, Informationen um den Globus zu senden. Andere sind Wächter des Himmels, die das Wetter beobachten oder Navigationshilfen für globale Systeme bereitstellen. Unsichtbar für das bloße Auge arbeiten militärische Aufklärungssatelliten im Geheimen, während Teleskope im Orbit den Blick in die Weiten des Universums richten.

---

[5] Ausgedehnte, leuchtende Gas- und Staubwolken im Weltall, oft Orte der Sternentstehung.

Ein besonderes Juwel am nächtlichen Firmament ist die Internationale Raumstation *ISS*. Als das Symbol der internationalen Zusammenarbeit schlechthin schwebt die Raumstation als wanderndes Licht durch den Himmel. Ihre Umlaufbahn ermöglicht den Astronauten an Bord nicht nur einen atemberaubenden Blick auf die Erde, sondern auch die Durchführung wissenschaftlicher Experimente in Schwerelosigkeit.

Die *ISS* ist dabei mehr als eine technologische Meisterleistung. Sie ist ein Symbol für die Fähigkeiten der Menschheit, sich jenseits der Schwerkraft zu erheben und gemeinsam im Weltraum zu arbeiten. Während sie majestätisch über uns hinwegzieht, erinnert sie daran, dass die Menschheit abseits der Erde auch im Orbit ein Zuhause gefunden hat.

Doch dieser Fortschritt bringt auch Herausforderungen mit sich. Die Lichtverschmutzung durch Satelliten stört die Beobachtungen von Astronomen. So werden die Diskussionen über die nachhaltige Nutzung des Orbits intensiver. Die Raumfahrtgemeinschaft steht vor der Aufgabe, Regeln aufzustellen, um den Weltraum als Ressource zu schützen und gleichzeitig seine friedliche Nutzung zu gewährleisten.

So finden sich in den Weiten des Universums nicht nur natürliche Phänomene, hingegen auch die Spuren menschlicher Aktivität. Satelliten und Raumstationen sind moderne Konstellationen, die in den nächtlichen Himmel gemalt werden. Sie erinnern uns daran, dass der menschliche Einfluss über die Erde hinausreicht. Während wir weiterhin die Geheimnisse des Weltraums erkunden, wird der Himmel zu einem Spiegel unserer

Technologie, unserer Forschung und unserer Fähigkeit, die Grenzen des Möglichen zu erweitern.

# BEWEGUNG DER HIMMELSKÖRPER

Wenn wir den Himmel betrachten, offenbart sich uns ein scheinbar endloses Ballett der Himmelskörper, das von zeitlosen Gesetzen der Physik und Gravitation geleitet wird. Die Bewegungen der Himmelskörper sind eine Symphonie der kosmischen Tanzschritte, die die Geschichte des Universums erzählen.

## Die Rotation der Erde

Die Rotation der Erde ist der Ursprung des Tages und der Nacht, formt aber auch die Schatten, die über die Landschaften gleiten. Wenn die Sonne am Horizont erscheint, strahlt ihr Licht auf einen Teil der Erde, während der Rest im Dunkel der Nacht verhüllt bleibt. Die unterschiedlichen Winkel, in denen das Sonnenlicht auf die Erde trifft, erzeugen die charakteristischen Schatten, die Landschaften in ein faszinierendes Spiel von Licht und Dunkelheit tauchen.

Die Polregionen erfahren dabei extreme Variationen in ihrer Rotation. In diesen Gebieten bleibt die Sonne während bestimmter Zeiträume im Jahr konstant am Horizont oder verschwindet für längere Phasen hinter diesem. Dies führt zu den spektakulären Phänomenen der Mitternachtssonne und der Polarnacht, die die Pole in eine Welt des konstanten Tages oder der andauernden Dunkelheit tauchen.

Währenddessen erleben die Äquatorregionen eine gleichmäßigere Rotation, wodurch der Wechsel zwischen Tag und Nacht weniger ausgeprägt ist. Hier verschwindet die Sonne nie vollständig – folglich sind die Nächte kürzer. Dieser Kontrast in den Rotationsgeschwindigkeiten verleiht unserer Welt eine dynamische Vielfalt in der Erfahrung von Zeit und Licht.

Die Illusion, dass die Sonne am Himmel wandert, ist eine Konsequenz der Erdrotation. Tag für Tag bewegt sich die Sonne auf ihrer scheinbaren Reise über den Himmel, wobei sie verschiedene Bahnen zu den unterschiedlichen Jahreszeiten einschlägt. Diese scheinbare Bewegung entlang des Himmelsäquators prägt nicht nur die Tageszeiten, denn sie formt gleichzeitig den Verlauf der Jahreszeiten.

Die scheinbare Reise der Sonne entlang der Ekliptik, der Bahn, die die Erde um die Sonne zieht, hat zudem kulturelle und historische Bedeutung. Viele Kulturen haben Sonnenwenden und Äquinoktien als wichtige Zeitpunkte im Jahr markiert und werden noch heute mit diesen Ritualen und Festen in Verbindung gebracht.

So wird die Rotation der Erde zum Schöpfer von Licht und Schatten, der den Lauf der Jahreszeiten und die kulturellen Traditionen unserer Welt formt. Wenn wir den Himmel betrachten, sollten wir uns bewusst sein, dass jede Drehung der Erde ein einzigartiges Kapitel im himmlischen Ballett der Himmelskörper ist.

## Die Revolution um die Sonne

Die Reise der Erde um die Sonne, eine majestätische Umlaufbahn in der Weite des Weltraums, verleiht unserem planetarischen Heimatort eine rhythmische Struktur. Diese Bewegung, die wir als Jahr mit 365 Tagen messen, geht weit über die bloße Zeitmessung hinaus – sie formt die charakteristischen Jahreszeiten, die unser Leben auf der Erde prägen.

Die Neigung der Erdachse ist der Schlüssel zu diesem jahreszeitlichen Ballett. Wenn die Nordhalbkugel der Erde zur Sonne geneigt ist, erleben wir Sommer, während die Südhalbkugel Winter hat. Wenn die Neigung umgekehrt ist, bringt uns dies den Winter im Norden und den Sommer im Süden. Die Frühlings- und Herbstäquinoktien hingegen markieren die Momente, in denen Tag und Nacht auf der Erde ungefähr gleich lang sind.

Diese scheinbare Neigung der Erdachse gegenüber ihrer Umlaufbahn ist der Grund für die Variationen in der Sonneneinstrahlung, die die Jahreszeiten ausmachen. In den Sommermonaten erhält die Hemisphäre, die der Sonne zugeneigt ist, direktere Strahlen und damit mehr Wärme. In den Wintermonaten hingegen treffen die Sonnenstrahlen in einem flacheren Winkel auf die Erde, was zu kühleren Temperaturen führt.

Die Erde ist jedoch nicht allein in ihrem kosmischen Reigen. Die anderen Planeten unseres Sonnensystems vollführen ähnliche Tänze um die Sonne. Jeder Planet hat dabei seine eigene Umlaufbahn, seine charakteristische Geschwindigkeit und seine besondere Neigung gegenüber der Ekliptik.

Die Gravitationskräfte, die zwischen den Planeten und der Sonne wirken, bilden die unsichtbaren Fäden dieses Himmelsballetts. Diese Kräfte halten die Planeten in ihren

Bahnen und sorgen für eine harmonische Synchronizität ihrer Bewegungen. Ein präziser Tanz, orchestriert von den Gesetzen der Himmelsmechanik, der die Planeten in stabilen und vorhersagbaren Bahnen um die Sonne führt.

Jupiter, der König der Planeten, vollführt majestätische Kreise, während der kühne Mars in einem energiegeladenen Tanz um die Sonne wirbelt. Die äußeren Gasgiganten, Uranus und Neptun, tanzen in weit entfernten Bahnen, während die inneren Gesteinsplaneten, Merkur und Venus, sich in kürzeren Umlaufbahnen um die Sonne bewegen.

Diese planetarischen Tänze sind astronomische Phänomene und ein Spiegelbild der Entwicklungen im frühen Sonnensystem zugleich. Die Bewegungen der Planeten haben dazu beigetragen, die Formation und Stabilität unseres kosmischen Heimatortes zu gestalten und sind Zeugen einer unbeschreiblichen Vergangenheit.

So wie die Erde die Jahreszeiten durchläuft, so durchtanzen die Planeten ihre eigenen kosmischen Rhythmen. In diesem himmlischen Ballett ist jede Umlaufbahn, jede Neigung und jede Gravitationswirkung ein kunstvoller Teil einer überwältigenden Aufführung im Universum.

## Die Mondbewegung

Der Mond zeigt eine bezaubernde Choreografie aus Rotation und Revolution. Seine simultanen Drehbewegungen verleihen ihm nicht nur sein charakteristisches Erscheinungsbild am Nachthimmel, sondern spielen auch eine entscheidende Rolle in den Rhythmen des Lebens auf der Erde.

Als unser ständiger Begleiter umkreist der Mond die Erde in einer Anmut von etwa 27,3 Tagen. Während dieser Umlaufbahn erleben wir die verschiedenen Mondphasen – von der Neumondnacht, wenn sich der Mond hinter der Erde versteckt, über den zunehmenden Halbmond, den Vollmond in seiner strahlenden Fülle hin zum abnehmenden Halbmond. Diese zyklischen Veränderungen in der Beleuchtung des Mondes geben unserem nächtlichen Himmel eine ständig wechselnde Leuchtkraft.

Der scheinbare Tanz der Mondphasen hat nicht nur poetische Auswirkungen auf unser Verständnis der Nacht, sondern beeinflusst Naturphänomene wie die Gezeiten. Die Schwerkraft des Mondes zieht die Wassermassen der Ozeane in Richtung des Mondes, was zu den täglichen Gezeiten führt. Diese rhythmischen Bewegungen der Gezeiten sind ein weiteres Beispiel dafür, wie die Himmelskörper in einem kohärenten Tanz miteinander verwoben sind.

Doch der Mond ist nicht nur der persönliche Diener der Erde, denn er nimmt an unserem planetarischen Tanz um die Sonne teil. Während die Erde ihre elliptische Bahn um die Sonne beschreibt, bewegt sich der Mond mit uns mit. Diese komplexere Choreografie führt dazu, dass die Mondphasen nicht nur von der relativen Position von Sonne, Erde und Mond abhängen, sondern auch von der Position dieser Körper im Verhältnis zu den anderen Planeten und dem restlichen Universum.

Diese Positionierung beeinflusst die Eklipsen, die beeindruckenden Schattenspiele am Himmel. Eine Mondfinsternis tritt auf, wenn die Erde zwischen Sonne und Mond steht und ihren Schatten auf den Mond wirft. Im Gegensatz dazu entsteht eine Sonnenfinsternis, wenn der Mond zwischen Sonne und Erde steht und seinen Schatten auf einen Teil der Erde wirft. Diese himmlischen Schattenspiele sind ein sehenswertes Ergebnis der räumlichen Anordnung unserer Himmelskörper.

So entfaltet der Mond in seinem tänzerischen Reigen eine visuelle Symphonie am Himmel und beeinflusst dabei die dynamischen Prozesse auf der Erde. Seine Anwesenheit ist ein ästhetisches Geschenk für die nächtlichen Träumer und überdies ein wissenschaftliches Rätsel, dessen Lösung tiefe Einblicke in die Mechanismen unseres Sonnensystems verspricht. Der Mond ist damit ein lebendiges Zeugnis der komplexen und verwobenen Bewegungen im Weltraum.

## Sternenhimmel und die Ekliptik

Der scheinbar unveränderliche Sternenhimmel, ein Kaleidoskop aus Sternen, Galaxien und Nebeln, verbirgt in seinem scheinbaren Stillstand ein Schauspiel kosmischer Bewegungen. Im Herzen dieses nächtlichen Theaters vollziehen sich subtile Verschiebungen, die nicht nur die Schönheit des Sternenhimmels formen, sondern die epische Reise unserer Sonne durch die Weiten der Galaxie.

Die meisten Sterne, die uns am nächtlichen Himmel erstrahlen, sind Mitglieder unserer Milchstraße, einer gigantischen Scheibe aus Milliarden von Sternen, Gas und Staub. In einem gewaltigen Tanz, orchestriert von der unsichtbaren Hand der Gravitation, rotieren diese Sterne um das galaktische Zentrum. Unsere Sonne nimmt ebenfalls an diesem majestätischen Kreislauf teil und legt, begleitet von den Planeten unseres Sonnensystems, ihre eigene Reise durch die Milchstraße zurück.

Dieses galaktische Ballett formt die Dynamik und Struktur unserer Galaxie. Durch die Rotation um das galaktische Zentrum bleiben die Sterne in stabilen Umlaufbahnen und tragen zur Stabilität unserer kosmischen Heimat bei.

Die Ekliptik, die Ebene der Umlaufbahnen der Planeten um die Sonne, spielt eine entscheidende Rolle in der scheinbaren Unbeweglichkeit des Sternenhimmels. Entlang der Ekliptik verfolgen wir den Pfad der Sonne am Himmel während ihres jährlichen Laufs um die Erde. Dieser scheinbare Weg, den die Planeten teilen, bildet die Grundlage für die Tierkreiszeichen, die seit Jahrhunderten einen Platz in menschlichen Kulturen und in der Astrologie gefunden haben.

Die Tierkreiszeichen sind ein archaisches Erbe, das auf der scheinbaren Reise der Sonne durch zwölf Sternbilder basiert, die entlang der Ekliptik liegen. Jedes dieser Sternbilder, von Widder bis Fische, markiert einen Abschnitt des Himmels, durch den die Sonne im Laufe eines Jahres zu wandern scheint. Obwohl die Astrologie als Wissenschaft umstritten ist, fasziniert sie Menschen seit Jahrhunderten und hat eine tiefe kulturelle Bedeutung erlangt.

In diesem scheinbar unveränderlichen Nachthimmel offenbaren sich uns unaufhörliche Bewegungen und wechselseitige Abhängigkeiten. Jeder Stern, jedes Planetenpaar und jede Galaxie hat seinen eigenen Platz in diesem unsichtbaren Ballett der Galaxien. Der nächtliche

Himmel ist nicht statisch – er ist ein pulsierendes Gewebe kosmischer Kräfte und Bewegungen, das uns daran erinnert, dass die Schönheit des Universums in seiner beständigen Veränderung liegt.

# TELESKOPE UND TECHNIK

Die Erkundung des Universums erfordert nicht nur das bloße Betrachten des Himmels. Astronomen verfeinern ihren Blick durch fortschrittliche Instrumente und Teleskope. Diese technologischen Wunderwerke dienen als Fenster, durch das wir tief in die Geheimnisse des Universums blicken können.

## Das menschliche Auge

Obwohl das menschliche Auge einen wunderbaren Einblick in den nächtlichen Himmel bietet, sind seine Fähigkeiten begrenzt. Die Grenzen des Sehvermögens werden besonders deutlich, wenn wir versuchen, tiefer in den Kosmos zu schauen, zu den schwachen und fernen Objekten, die die Weiten des Universums bevölkern.

Die größte Herausforderung liegt in der Begrenzung der Lichtempfindlichkeit des menschlichen Auges. In einer Welt, die von Licht durchflutet ist, werden viele astronomische Objekte von der intensiven Helligkeit der umgebenden Sterne überstrahlt. Dunkle Himmelsgebiete, fern von städtischem Licht, bieten zwar einen besseren Blick auf den Nachthimmel, aber sie können nicht das volle Potenzial der Erforschung des Universums entfesseln.

Die Suche nach neuen Perspektiven führte zu einer bemerkenswerten Entwicklung von astronomischen Werkzeugen, die das menschliche Auge erweitern und uns tiefer in den Raum und die Zeit blicken lassen. Es ist an der Zeit, das traditionelle Fernrohr zu begrüßen und die Erkundung des Himmels auf eine neue Stufe zu heben.

## Das Fernrohr

Mit dem Einzug des Fernrohrs in die Welt der Astronomie im 17. Jahrhundert öffneten sich buchstäblich neue Fenster zum Universum. Die Pioniere dieser Ära, allen voran *Galileo Galilei* und *Johannes Kepler*, brachten eine Revolution in der Himmelsbeobachtung mit sich, die das Verständnis des Kosmos nachhaltig verändern sollte.

*Galileo Galilei*, ein italienischer Astronom und Physiker, setzte als einer der Ersten ein Fernrohr für astronomische Beobachtungen ein. Durch sein Teleskop enthüllte sich eine völlig neue Welt am Himmel. Im Jahr 1610 beobachtete *Galilei* erstmals die vier größten Monde des Planeten Jupiter – Io, Europa, Ganymed und Kallisto. Diese Entdeckung war ein großer Triumph für die Wissenschaft. Zugleich stellte sich diese Entdeckung als Wendepunkt in der kosmologischen Debatte dar.

Die Existenz von Monden, die einen anderen Himmelskörper als die Erde umkreisten, widersprach den damals vorherrschenden Vorstellungen vom geozentrischen Weltbild[6], in dem alle Himmelskörper um die Erde kreisen sollten. *Galileis* Beobachtungen

---

[6] Ein historisches Modell, das die Erde als Zentrum des Universums betrachtet, um das sich Sonne und Sterne drehen.

unterstützten die heliozentrische Theorie von Nikolaus Kopernikus, die besagte, dass die Erde um die Sonne kreist. Diese Entdeckung erschütterte die Grundfesten der damaligen Weltanschauung und leitete eine neue Ära in der Astronomie ein.

Parallel zu *Galileis* bahnbrechenden Entdeckungen entwickelte *Johannes Kepler* seine Gesetze der Planetenbewegung. *Kepler* nutzte die genauen Beobachtungen von *Tycho Brahe*, einem dänischen Astronomen, und formulierte mathematische Gesetze, die die Bewegung der Planeten um die Sonne beschrieben.

Eine der faszinierenden Anwendungen von *Keplers* Gesetzen war die Beobachtung der Venus durch *Galilei*. Durch das Fernrohr konnte er die verschiedenen Phasen der Venus verfolgen, ähnlich den Mondphasen. Diese Beobachtung unterstützte ebenfalls das heliozentrische Modell und widerlegte die geozentrischen Vorstellungen.

Die Nutzung des Fernrohrs durch *Galilei* und *Kepler* markierte einen entscheidenden Schritt in der Entwicklung der astronomischen Instrumente. Der Himmel, der zuvor von bloßem Auge betrachtet worden war, wurde nun mit einem neuen Blickfeld durchleuchtet und die Grundlage für eine Ära der Entdeckungen und Erkenntnisse wurde gelegt.

## Das Teleskop

Die Evolution der Teleskope ist eine Geschichte ständiger Innovation, die unseren Blick auf das Universum revolutionierte. Von den ersten zarten Experimenten des 17. Jahrhunderts bis zu den heutigen leistungsstarken Instrumenten, die den Weltraum durchforsten, haben

Teleskope eine unermessliche Vielfalt von Himmelsobjekten enthüllt und uns eine Reise durch die Zeit ermöglicht.

Mit den Fortschritten in Technologie und Wissenschaft sind Teleskope in ihrer Leistungsfähigkeit und Vielseitigkeit exponentiell gewachsen. Moderne Teleskope, sei es auf der Erde oder im Weltraum, sind wahre Wunderwerke der Ingenieurskunst. Fortschrittliche Optik, adaptive Optiktechnologien und digitale Bildverarbeitung haben es ermöglicht, noch tiefere Einblicke in die Strukturen und Prozesse des Universums zu erhalten.

Ein herausragendes Beispiel für diesen technologischen Fortschritt ist das *Hubble-Weltraumteleskop*. Seit seiner Einführung im Jahr 1990 hat Hubble atemberaubende Bilder von fernen Galaxien, Nebeln und Sternenhaufen geliefert. Diese Bilder sind nicht nur visuell beeindruckend, sondern haben fundamentale Erkenntnisse über die Entstehung des Universums, die Natur von Galaxien und die Entwicklung von Sternen ermöglicht.

Hubble ist mehr als ein Teleskop – es ist eine Zeitmaschine, die uns ermöglicht, Milliarden von Jahren in die Vergangenheit des Universums zu schauen. Die Lichtgeschwindigkeit begrenzt unsere direkte Beobachtung, aber durch die Erfassung von Licht, das von entfernten Objekten zu uns unterwegs ist, können wir in die Ära der ersten Sterne und Galaxien zurückblicken. Hubble hat dazu beigetragen, die Entfernungen im Weltraum zu überbrücken und uns einen klaren Blick auf die frühen Kapitel der kosmischen Geschichte zu gewähren.

Somit ermöglichen es uns Teleskope, die Vergangenheit und die fernen Ecken des Universums zu erforschen. Mit jedem neu entwickelten Teleskop eröffnen sich neue Horizonte und die Entdeckungen am Himmel setzen sich fort. Diese faszinierende Reise durch die Zeit und den Raum wird von der ständigen Weiterentwicklung astronomischer Instrumente vorangetrieben, die uns tiefer in die Geheimnisse des Kosmos eintauchen lassen.

## Das Radioteleskop

Die Erkenntnis, dass das Universum mehr als nur sichtbares Licht aussendet, hat die Astronomie in eine neue Ära geführt, in der Radiowellen die Sprache kosmischer Phänomene geworden sind. Radioteleskope, als empfindliche Ohren des Kosmos, ermöglichen es uns, die unsichtbaren Schwingungen und Signale aus dem Weltraum zu hören und bisher verborgene Aspekte des Universums zu enthüllen.

Die Geschichte der Radioteleskopie beginnt im frühen 20. Jahrhundert, als der Physiker Karl Jansky versehentlich Radiosignale aus dem Weltraum entdeckte. Dieser Zufallsfund führte zu einem neuen Forschungsfeld, das sich auf die Erfassung von Radiowellen konzentrierte. In den folgenden Jahrzehnten wurden Radioteleskope entwickelt, um die Signale aus dem All systematisch zu studieren.

Radiowellen werden von verschiedenen kosmischen Phänomenen erzeugt, darunter Supernovae, Pulsare, Quasare und ferne Galaxien. Diese Phänomene senden elektromagnetische Strahlung im Radiobereich des Spektrums aus, was für das menschliche Auge unsichtbar ist. Radioteleskope sind speziell darauf ausgelegt, diese Radiowellen aufzufangen und zu analysieren.

Durch Radioteleskope können Astronomen in Frequenzen lauschen, die unsere Sinne normalerweise nicht erfassen können. Dies eröffnet ein neues Fenster zu den unsichtbaren Welten des Universums. Pulsare, schnell rotierende Neutronensterne, senden regelmäßige Radiopulse aus, die von Radioteleskopen empfangen werden können. Quasare, aktive Galaxienkerne, geben intensive Radiosignale ab, die auf gigantische schwarze Löcher in ihrem Zentrum hinweisen.

Radioteleskope enthüllen unsichtbare Phänomene, tragen aber auch dazu bei, das Verständnis von bereits bekannten astronomischen Objekten zu vertiefen. Galaxien, die im sichtbaren Licht unauffällig erscheinen, können im Radiobereich dramatische Strukturen und Aktivitäten zeigen.

Die Verwendung von Radioteleskopen erweitert die Astronomie zu einer harmonischen Sinfonie, in der verschiedene Wellenlängen eine Geschichte von Sternengeburten, kosmischen Explosionen und galaktischen Tanz aufführen. Radiowellen sind der Klang, der uns die unsichtbare Geschichte des Universums erzählt und Radioteleskope sind die Instrumente, die diese Geschichte enthüllen.

## Das Infrarotteleskop

Mit der Entwicklung von Infrarotteleskopen hat die Astronomie einen weiteren Meilenstein erreicht, der die

Grenzen des Sichtbaren überwindet. Diese speziellen Teleskope eröffnen uns ein neues Kapitel der Himmelsbeobachtung, indem sie die Wärmestrahlung von Himmelskörpern einfangen, die für das menschliche Auge verborgen bleiben.

Infrarotteleskope arbeiten im Bereich des elektromagnetischen Spektrums, der jenseits des sichtbaren Lichts liegt. Sie sind darauf ausgerichtet, die von Himmelskörpern ausgesandte Wärmestrahlung aufzufangen. Jeder Körper mit einer Temperatur über dem absoluten Nullpunkt sendet Infrarotstrahlung aus. Infrarotteleskope verwandeln diese unsichtbaren Emissionen in Bilder und Daten, die Wissenschaftlern einen einzigartigen Einblick in das Universum bieten.

Infrarotteleskope spielen eine prägnante Rolle bei der Untersuchung von kühlen Sternen, braunen Zwergen und anderen Himmelskörpern, die im sichtbaren Licht kaum erkennbar sind. Diese Teleskope ermöglichen es den Astronomen, tief in Sternenhaufen und Galaxien einzudringen, um kühle, schwach leuchtende Objekte zu entdecken und ihre Eigenschaften zu erforschen.

Ein weiterer faszinierender Bereich der Erforschung ist die Beobachtung von Gebieten, in denen neue Sterne und Planeten entstehen. Infrarotteleskope durchdringen den dichten Staub, der diese Entstehungsgebiete oft umhüllt und enthüllen die verborgenen Prozesse der Geburt von Sonnensystemen.

Ein besonders aufregendes Einsatzgebiet von Infrarotteleskopen liegt in der Erforschung entfernter Galaxien. Das Licht, das von diesen fernen Galaxien zu uns gelangt, wird durch die Ausdehnung des Universums in den Infrarotbereich verschoben. Infrarotteleskope ermöglichen es den Wissenschaftlern, in die ferne Vergangenheit des Universums zu blicken und liefern Bilder von Galaxien, wie sie vor Milliarden von Jahren existierten.

Die Kombination von Daten aus verschiedenen Wellenlängen, von sichtbarem Licht über Radiowellen hin zum Infrarot, schafft eine multidimensionale Sicht auf das Universum. Infrarotteleskope erweitern unser Blickfeld und enthüllen verborgene Schönheiten und Geheimnisse, die im unsichtbaren Glanz der Wärmestrahlung liegen. Sie setzen die Erforschung des Kosmos fort, indem sie uns erlauben, das Unsichtbare sichtbar zu machen und die Rätsel des Universums aus neuen Perspektiven zu betrachten.

# DIE PLANETARE VIELFALT

Wir befinden uns in einer klaren Nacht im alten Griechenland, vor über zweitausend Jahren. Ein Philosoph namens *Anaxagoras* blickt in den nächtlichen Himmel und wagt es, etwas Unglaubliches zu behaupten – nämlich dass die Sonne ein riesiger, glühender Stein sei und der Mond das Licht der Sonne reflektiere. Dies war eine für damalige Verhältnisse recht kühne Idee, da viele Menschen glaubten, die Himmelskörper seien göttliche Wesen oder fest verankerte Sphären. *Anaxagoras* Ideen wurden also nicht nur abgelehnt, sie führten sogar zu seiner Verbannung. Doch seine Neugier und sein Mut, das Offensichtliche zu hinterfragen, legten den Grundstein für unser modernes Verständnis des Sonnensystems.

Heute wissen wir, dass unser Sonnensystem viel mehr als eine Ansammlung leuchtender Punkte am Nachthimmel ist. Es ist ein komplexes und dynamisches Gefüge von Planeten, Monden, Asteroiden und Kometen, die alle um eine gemeinsame Sonne kreisen – unser Stern, der das Zentrum dieses erstaunlichen Systems bildet.

# DIE SONNE

Die Sonne, ein gewaltiger, glühender Ball aus Gas, ist das unentbehrliche Herz unseres Sonnensystems. Ohne sie wäre das Leben, wie wir es kennen, nicht möglich. Sie ist ein durchschnittlicher, mittelgroßer Stern, doch für uns auf der Erde ist sie das mächtigste und lebenswichtigste Objekt am Himmel.

## Eine Quelle der Energie

Die Sonne erzeugt ihre Energie durch einen Prozess namens Kernfusion. In ihrem Kern verschmelzen Wasserstoffatome zu Helium, wobei ungeheure Mengen an Energie freigesetzt werden. Diese Energie erreicht die Erde in Form von Licht und Wärme, was die Grundlage für fast alle Klimaprozesse auf unserem Planeten und für das Leben bildet. Dieser Prozess der Kernfusion ist außerordentlich effizient und ermächtigt die Sonne zu einer stabilen und lang anhaltenden Energiequelle. Tatsächlich hat die Sonne auf diese Weise bereits seit über 4,6 Milliarden Jahren Energie geliefert und wird dies voraussichtlich für weitere Milliarden Jahre tun.

Die bei der Kernfusion freigesetzte Energie durchläuft verschiedene Schichten der Sonne, bevor sie in den Weltraum abgestrahlt wird. In der Photosphäre, der sichtbaren Oberfläche der Sonne, wird diese Energie als das Sonnenlicht freigesetzt, das unseren Planeten erreicht. Dieses Licht ist für das Wachstum der Pflanzen durch Photosynthese und damit für die Basis der meisten Nahrungsketten auf der Erde essenziell.

Überdies spielt die Sonnenenergie eine entscheidende Rolle bei der Regulierung des Erdklimas. Die von der Sonne ausgehende Wärme beeinflusst globale Wetterphänomene und trägt zu natürlichen Klimazyklen bei. Ohne die stetige Energiezufuhr der Sonne würde unser Planet zu einem kalten und lebensfeindlichen Ort werden.

## WUSSTEST DU SCHON?

Die Sonne ist so weit von der Erde entfernt, dass ihr Licht etwa 8 Minuten und 20 Sekunden braucht, um uns zu erreichen.

## Die Struktur der Sonne

Die Sonne besteht aus mehreren Schichten, von denen jede ihre eigenen einzigartigen Eigenschaften und Prozesse aufweist. Von ihrem heißen Kern, wo die Energieerzeugung stattfindet, bis zur Photosphäre, der sichtbaren Oberfläche, und weiter hinaus zur Sonnenkorona, die während einer Sonnenfinsternis sichtbar wird. Jede Schicht spielt eine entscheidende Rolle im Leben unseres Sterns.

Über der Photosphäre liegt die Chromosphäre, eine Schicht, in der sich die Temperatur wieder erhöht und die durch ihre spektakulären Eruptionen und Protuberanzen charakterisiert wird. Diese Phänomene sind besonders deutlich zu beobachten während Sonneneruptionen, bei denen große Mengen an geladenen Partikeln in den Weltraum geschleudert werden. Die äußerste Schicht der Sonne, die Korona, ist noch heißer und erstreckt sich Millionen Kilometer in den Weltraum. Trotz ihrer hohen Temperaturen ist sie überraschend dünn und nur sichtbar, wenn das blendende Licht der Photosphäre während einer totalen Sonnenfinsternis blockiert wird. Die Korona ist von besonderem Interesse für Astronomen, da die Prozesse, die ihre hohe Temperatur verursachen, immer noch ein Rätsel sind. Das Studium dieser Schichten gibt uns Aufschluss über die Sonne und über die Eigenschaften und das Verhalten anderer Sterne im Universum.

## Sonnenaktivitäten

Die Sonne ist ein brodelnder Kessel, der ständig in Bewegung ist. Die Sonnenflecken auf ihrer Oberfläche sind riesige Wirbel magnetischer Energie, so groß, dass sie sich über Tausende Kilometer erstrecken können. Dann gibt es die Sonneneruptionen – spektakuläre Explosionen, die die Energie von Millionen Wasserstoffbomben freisetzen können. Diese mächtigen Eruptionen schleudern geladene Partikel ins All und erzeugen die atemberaubenden Polarlichter oder Aurora, wenn sie mit dem Magnetfeld der Erde interagieren.

Noch beeindruckender sind die koronalen Massenauswürfe. Stell dir vor, wie die Sonne gigantische Mengen an solarem Material in den Weltraum katapultiert. Wenn diese gewaltigen Wolken geladener Partikel die Erde erreichen, können sie geomagnetische Stürme auslösen, die Satelliten stören und sogar das Stromnetz auf der Erde beeinflussen können. Diese

Ereignisse zeigen dir, wie eng wir mit unserem Heimatstern verbunden sind und wie seine Aktivitäten unser tägliches Leben beeinflussen können.

Jedes dieser Phänomene auf der Sonne bietet dir einen faszinierenden Einblick in die komplexen Prozesse, die in unserem Stern stattfinden. Sie sind lebendige Erinnerungen daran, dass die Sonne nicht nur ein entfernter, leuchtender Punkt am Himmel ist, sondern ein lebendiger, pulsierender Stern, dessen Aktivitäten tiefgreifende Auswirkungen auf unser gesamtes Sonnensystem haben.

## Die Sonne und der Lebenszyklus eines Sterns

Unsere Sonne ist etwa 4,6 Milliarden Jahre alt und befindet sich in der Mitte ihres Lebenszyklus. Wie eine große kosmische Uhr, die unaufhörlich tickt, hat sie bereits die Hälfte ihrer Lebensspanne hinter sich gelassen. In dieser Zeit hat sie unermüdlich Energie und Wärme an unser Sonnensystem abgegeben, die Grundlage für das Leben auf der Erde bildend.

Aber was erwartet die Sonne in der Zukunft? In etwa 5 Milliarden Jahren wird sie beginnen, ihren Brennstoffvorrat zu erschöpfen. Der Wasserstoff im Kern der Sonne wird allmählich aufgebraucht sein, woraufhin sie beginnt, sich auszudehnen und in einen Roten Riesen zu verwandeln. In diesem Stadium wird sie so groß sein, dass sie möglicherweise die inneren Planeten, einschließlich der Erde, verschlingen könnte. Es ist ein dramatisches, aber faszinierendes Schauspiel, das das unvermeidliche Schicksal vieler Sterne im Universum darstellt.

Nachdem die Sonne ihre äußeren Schichten abgestoßen hat, wird das, was übrig bleibt, schrumpfen und sich abkühlen. Sie wird sich zu einem Weißen Zwerg verwandeln, einem kleinen, dichten Stern, der langsam erlischt. Dieser Weiße Zwerg wird weiterhin für Milliarden von Jahren nachleuchten, ein stummer Zeuge der Geschichte unseres einmal blühenden Sonnensystems.

Diese Zukunft mag zwar weit entfernt und vielleicht auch ein wenig melancholisch erscheinen, doch sie erinnert uns daran, wie dynamisch unser Universum ist. Jeder Stern, jede Galaxie, jedes kosmische Objekt durchläuft einen Lebenszyklus, der von Geburt, Leben und letztlich dem Übergang in eine neue Form geprägt ist. In der Geschichte der Sonne sehen wir einen Akt kosmischer Wiedergeburt, der überall im Universum abläuft.

## | DIE INNEREN PLANETEN

Unser Sonnensystem beherbergt eine bemerkenswerte Vielfalt an Planeten, von den felsigen inneren Welten hin zu den gasförmigen Riesen in den äußeren Regionen. Jeder dieser Planeten bietet ein einzigartiges Bild der kosmischen Vielfalt und Komplexität.

Die vier Planeten, die der Sonne am nächsten sind, werden als terrestrische oder erdähnliche Planeten bezeichnet. Sie sind gekennzeichnet durch feste, felsige Oberflächen und haben jeweils ihre eigenen einzigartigen Umgebungen und Geheimnisse.

## Der Merkur

Merkur, der Sonne am nächsten, ist eine von Kratern übersäte, heiße Welt, die extreme Temperaturschwankungen erlebt. Dieser kleinste Planet unseres Sonnensystems, benannt nach dem flinken Boten der römischen Götter, ist ein Ort der Extreme. Aufgrund seiner Nähe zur Sonne und der fehlenden Atmosphäre, die Wärme festhalten könnte, ist Merkur tagsüber unerträglich heiß, mit Temperaturen, die bis zu 430 Grad Celsius erreichen können. Doch nachts, ohne die Wärme der Sonne, fallen die Temperaturen dramatisch ab und können auf minus 180 Grad Celsius abfallen.

Merkurs Oberfläche ist übersät mit Kratern, Zeugen seiner turbulenten Vergangenheit, in der er von Meteoriten und Asteroiden getroffen wurde. Diese Kraterlandschaft bietet ein wertvolles Studienfeld für Astronomen und gibt Aufschluss über die frühen Prozesse im Sonnensystem. Merkur mag zwar ein für uns Menschen unwirtlicher Ort sein, doch seine Einzigartigkeit macht ihn zu einem der interessantesten Objekte in unserem Sonnensystem.

## Die Venus

Mit ihrer dichten und heißen Atmosphäre ist dieser Planet ein beeindruckendes Beispiel für den Treibhauseffekt in extremer Form. Umhüllt von einer dicken Schicht aus Kohlendioxid und Wolken aus Schwefelsäure, fängt die Atmosphäre der Venus die Sonnenstrahlung ein und lässt sie nicht wieder entweichen. Dies führt zu Temperaturen, die heiß genug sind, um Blei zu schmelzen. So ist Venus einer der heißesten Orte im Sonnensystem, sogar heißer als Merkur, obwohl dieser der Sonne näher ist. Die Oberflächentemperatur auf der Venus kann über 460 Grad Celsius erreichen – eine wahre Hitzehölle. Diese extremen Bedingungen erlauben Wissenschaftlern, die Auswirkungen des Treibhauseffekts zu studieren und dienen als eine mahnende Erinnerung an die potenziellen Gefahren, die eine unkontrollierte atmosphärische Veränderung auf einem Planeten mit sich bringen kann.

Venus, oft als Schwesterplanet der Erde bezeichnet, zeigt uns ein dramatisches Beispiel dafür, wie sich klimatische Bedingungen entwickeln können, wenn planetare Prozesse außer Kontrolle geraten.

## Die Erde

Die Erde ist der einzige bekannte Planet mit flüssigem Wasser und Leben. Sie ist ein blauer und grüner Edelstein in der Weite des Weltraums, der eine einzigartige Kombination von Bedingungen bietet, die das Leben, wie wir es kennen, ermöglichen. Mit ihrer idealen Entfernung von der Sonne, die weder zu heiß noch zu kalt ist, einer schützenden Atmosphäre, die uns vor schädlicher Strahlung bewahrt und einer Vielfalt an Landschaften von Ozeanen bis zu hohen Bergen, ist die Erde ein Meisterwerk der natürlichen Schönheit und Komplexität.

Das Vorhandensein von flüssigem Wasser, ein Schlüsselelement für das Leben, in Verbindung mit einer reichen Atmosphäre und einem stabilen Klima, hat die Entwicklung einer unglaublichen Vielfalt an Lebensformen ermöglicht. Diese Lebensvielfalt, von mikroskopisch kleinen Organismen hin zu den komplexen Ökosystemen von Regenwäldern und Ozeanen, verzaubert unseren Planeten in einen lebendigen, pulsierenden Ort voller Wunder und Geheimnisse. Die Erde ist das Zuhause für uns Menschen und ein lebendiges Laboratorium, das uns wertvolle Einblicke in die Entstehung des Lebens und die Funktionsweise von Ökosystemen bietet.

## Der Mars

Der oft als rote Planet bezeichnete Nachbar unserer Erde, fasziniert mit seinen eisigen Polkappen, riesigen Vulkanen und dem Potenzial für vergangenes mikrobielles Leben. Seine charakteristische rote Farbe, die ihm den Namen gab, stammt von Eisenoxidstaub, der die Oberfläche bedeckt. Die eisigen Polkappen, bestehend aus Wassereis und gefrorenem Kohlendioxid, sind ein markantes Merkmal und geben Aufschluss über klimatische Veränderungen auf dem Mars. Die gewaltigen Vulkane, wie der Olympus Mons, der größte bekannte Vulkan im Sonnensystem, zeugen von der einstigen geologischen Aktivität des Planeten.

Besonders spannend ist die Möglichkeit, dass auf dem Mars einst mikrobielles Leben existierte. Spuren von alten Flussbetten und Mineralien, die typischerweise in Gegenwart von Wasser entstehen, unterstützen die Theorie, dass der Mars einst wärmer und feuchter war. Diese Hinweise haben Wissenschaftler dazu veranlasst, intensiv nach Anzeichen von Leben zu suchen, weshalb der Mars eines der aufregendsten Forschungsziele in der modernen Planetenwissenschaft ist.

# DIE GASRIESEN

Weiter draußen im Sonnensystem finden wir Jupiter und Saturn, die größten Planeten unseres Sonnensystems. Diese Gasriesen haben keine feste Oberfläche und bestehen hauptsächlich aus Wasserstoff und Helium.

## Jupiter

Jupiter, der kolossale Riese unseres Sonnensystems, ist eine Welt von wahrhaft epischen Ausmaßen. Mit einem Durchmesser, der elfmal größer als der der Erde ist, ist er nicht nur der größte Planet in unserer kosmischen Nachbarschaft, sondern ein Mysterium, das von dichten Gaswolken umhüllt ist. Unter diesen Wolken tobt der Große rote Fleck, ein gewaltiger Sturm, der größer ist als die Erde und seit Jahrhunderten wütet. Dieses beeindruckende Schauspiel, kombiniert mit den lebendigen, farbenfrohen Wolkenstreifen, die von mächtigen atmosphärischen Jetströmen geschaffen werden, verwandelt Jupiter in ein atemberaubendes visuelles Kunstwerk.

Doch Jupiters Wunder enden nicht in seiner turbulenten Atmosphäre. Er ist der Herrscher eines königlichen Hofes von über 79 Monden, angeführt von den vier Galileischen Monden – Ganymed, Kallisto, Io und Europa – jeder mit seinem eigenen geheimnisvollen Charme. Ganymed, der Titan unter den Monden, übertrifft sogar Merkur an Größe, während das vulkanische Io mit seinen spektakulären Ausbrüchen die Wissenschaftler in Staunen versetzt. Europa hingegen, mit seiner glatten, eisigen Oberfläche, birgt das Versprechen eines verborgenen Ozeans unter seiner Kruste, ein potenzielles

Zuhause für außerirdisches Leben. Jeder dieser Monde erzählt seine eigene faszinierende Geschichte, die das Jupitersystem zu einem der spannendsten Schauplätze für astronomische Entdeckungen und Abenteuer macht.

## Saturn

Saturn, der juwelenbesetzte Herrscher des Sonnensystems, präsentiert sich als eine majestätische Welt, umhüllt von den spektakulärsten Ringen, die je im kosmischen Theater entdeckt wurden. Seine Ringe, bestehend aus unzähligen Eis- und Gesteinspartikeln, tanzen in einer perfekten Symphonie um den Planeten, reflektieren das Sonnenlicht und erzeugen ein atemberaubendes, schimmerndes Spektakel. Saturn selbst, ein Gasriese von gewaltiger Größe, schwebt elegant in den Tiefen des Weltraums. Seine ruhige, pastellgelbe Färbung, durchsetzt mit feinen Streifen, verbirgt eine turbulente und stürmische Welt, mit Windgeschwindigkeiten, die alles auf der Erde Erlebte in den Schatten stellen.

Um Saturn kreisen etliche Monde, jedes mit seiner eigenen geheimnisvollen Geschichte. Titan, der größte von ihnen, ist eine Welt, die fast so komplex wie ein eigener Planet ist, mit einer dichten Atmosphäre und flüssigen Methanseen, die an eine fremdartige Version der Erde erinnern. Die kleineren Monde wie Enceladus, mit seinen Eisgeysiren, die in den Weltraum schießen, fügen weitere Kapitel zum spannenden Buch des Saturnsystems hinzu. Die Erkundung Satuns und seiner Monde gleicht einer Reise in eine Welt der Wunder, in der die Natur ihre Kreativität in einer Weise entfaltet, die unsere Vorstellungskraft sprengt und die Geheimnisse des Universums langsam enthüllt.

# DIE EISRIESEN

Die äußersten Planeten, Uranus und Neptun, werden als Eisriesen bezeichnet. Sie unterscheiden sich von den Gasriesen durch ihren höheren Anteil an Eis-Materialien wie Wasser, Ammoniak und Methan.

## Uranus

In den entfernten Tiefen unseres Sonnensystems thront Uranus, ein geheimnisvoller Eisriese, der die Astronomen und Weltraumfans gleichermaßen fasziniert und verwirrt. Mit seiner blassen, aquamarinblauen Färbung, die durch die eisige Atmosphäre aus Wasser, Ammoniak und Methan entsteht, wirkt Uranus wie eine leuchtende Kugel in der Dunkelheit des Weltraums. Aber das wirklich Außergewöhnliche an Uranus ist seine ungewöhnliche Achsenneigung – der Planet rotiert seitwärts, fast, als würde er auf seiner Umlaufbahn rollen. Diese einzigartige Rotation, vermutlich das Ergebnis einer katastrophalen Kollision in seiner frühen Geschichte, verleiht Uranus extreme Jahreszeiten und macht ihn zu einem Rätsel, das Astronomen seit seiner Entdeckung zu lösen versuchen.

Uranus beherbergt ein subtileres Ringsystem als sein Nachbar Saturn, aber nicht weniger faszinierend. Seine Ringe sind dunkler und feiner, fast wie Geister, die um den Planeten tanzen. Die Monde von Uranus, benannt nach Figuren aus der Literatur von Shakespeare und Alexander Pope, sind Welten voller Geheimnisse. Von Miranda, mit ihrer bizarren, zerklüfteten Oberfläche, die Geschichten von gewaltigen geologischen Umbrüchen erzählt, bis zu Titania und Oberon, die mit ihren Kratern, Canyons und Klippen die raue Geschichte des Uranussystems widerspiegeln. Uranus ist mehr als nur ein weiterer Planet; er ist ein Tor zu den unerforschten Tiefen unseres Sonnensystems, eine stille, eisige Welt, die darauf wartet, ihre Geheimnisse preiszugeben.

## Neptun

Am Rande unseres Sonnensystems, in einer Region, in der die Sonne nicht mehr als ein ferner, heller Punkt ist, herrscht Neptun, der mystische blaue Gigant. Umhüllt von tiefblauen Wolken, die über seine Oberfläche rasen, ist Neptun der windigste Ort im ganzen Sonnensystem, mit Orkanen, die mit unglaublicher Geschwindigkeit wüten. Diese stürmischen Winde wirbeln die Methan-reiche Atmosphäre auf und erzeugen Wetterphänomene, darunter den Großen dunklen Fleck, einen gigantischen Sturm, vergleichbar mit dem Großen roten Fleck Jupiters. Neptun strahlt eine eisige, aber majestätische Aura aus, geheimnisvoll und unergründlich, ein Planet, dessen wahres Wesen sich nur langsam offenbart.

Neptun besitzt einen zarten, aber markanten Ringsatz, der wie ein flüchtiger Schatten um den Planeten kreist, sowie eine faszinierende Sammlung von Monden. Triton, der größte dieser Monde, ist eine Welt voller Wunder – mit Geysiren[7], die Stickstoff in den Weltraum spucken

---

[7] Eine heiße Quelle, die periodisch Wasser und Dampf in die Luft schleudert.

und einer dünnen Atmosphäre, die in der Sonneneinstrahlung schimmert. Triton, der rückwärts um Neptun kreist, ist ein gefangener Mond, der möglicherweise aus dem Kuipergürtel stammt und von Neptuns Schwerkraft eingefangen wurde. Jeder Aspekt von Neptun, von seinen wilden Stürmen bis zu seinen geheimnisvollen Monden, erzählt die Geschichte eines entfernten, einsamen Weltenwanderers, der tief in den Schatten des Sonnensystems verankert ist und auf die Enthüllung seiner tiefsten Geheimnisse wartet.

# KLEINERE BEWOHNER DES SONNENSYSTEMS

Neben den acht großen Planeten gibt es in unserem Sonnensystem eine Vielzahl kleinerer, aber nicht weniger faszinierender Körper. Diese umfassen Asteroiden, Kometen und Zwergplaneten, die alle wichtige Einblicke in die Geschichte und Zusammensetzung unseres Sonnensystems bieten.

## Asteroiden

Asteroiden sind felsige Objekte, die meist im Asteroidengürtel zwischen Mars und Jupiter zu finden sind. Sie reichen von kleinen Gesteinsbrocken bis hin zu Körpern, die Hunderte Kilometer im Durchmesser messen. Diese Gesteinsbrocken sind Überbleibsel aus der Frühzeit des Sonnensystems und bieten wertvolle Informationen über dessen Entstehung und Entwicklung. Einige Asteroiden kreuzen die Umlaufbahnen der

Planeten und können als potenzielle Gefahren oder Ziele für Raumfahrtmissionen angesehen werden.

## Kometen

Kometen sind eisige Körper, die oft aus einer Mischung von gefrorenen Gasen, Wasser und Staub bestehen. Wenn sie sich der Sonne nähern, erwärmen sie sich und entwickeln eine leuchtende Koma und manchmal einen spektakulären Schweif. Kometen stammen aus den äußersten Regionen des Sonnensystems, aus Gebieten wie dem Kuipergürtel und der Oortschen Wolke. Sie sind Zeitkapseln, die Aufschluss über die Bedingungen im frühen Sonnensystem geben.

## Zwergplaneten

Zwergplaneten wie Pluto, Eris und Ceres sind kleinere Körper, die nicht alle Kriterien erfüllen, um als vollwertige Planeten klassifiziert zu werden. Trotz ihrer geringen Größe spielen sie eine wichtige Rolle für unser Verständnis des Sonnensystems. Ihre Erforschung, wie durch die *New-Horizons-Mission* zu Pluto, hat gezeigt, dass diese kleinen Welten komplexe Oberflächen und sogar Atmosphären haben können. Diese Missionen enthüllen überraschende Merkmale, wie Plutos Herzförmige Ebene Sputnik Planitia und seine vielfältige Landschaft. Eris, ein weiter entfernter Zwergplanet, weist ähnliche Geheimnisse auf und fordert unsere Annahmen über die Bildung und Entwicklung von Planeten heraus. Ceres, der größte Asteroid und gleichzeitig ein Zwergplanet, der im Asteroidengürtel zwischen Mars und

Jupiter kreist, beherbergt Hinweise auf eine möglicherweise wasserreiche Vergangenheit.

# WUSSTEST DU SCHON?

Es gibt im Universum tatsächlich mehr Sterne
als Sandkörner an allen Stränden der Erde.

# DIE WISSENSCHAFT DER STERNE

Es war mal wieder eine klare Nacht, als ich mich auf der Wiese hinter unserem Haus niederließ und den Blick gen Himmel richtete. Die Sterne funkelten wie uralte Diamanten auf einem unendlichen Samtgewand. Doch während ich den Himmel bewunderte, erinnerte mich ein besonderer Anblick daran, dass hinter der friedlichen Fassade des nächtlichen Firmaments eine Welt voller Energie, Fusion und kosmischer Dramen lauert.

Plötzlich tauchte am Horizont ein neuer Stern auf. Ein funkelnder Punkt, der sich rasch intensivierte und die umgebende Dunkelheit durchdrang. Doch dies war kein gewöhnlicher Stern. Es war eine Supernova, eine der gewaltigsten Explosionen im Universum, die das Herz eines Sterns erzittern und die Raumzeit um sich herum krümmen lässt.

Während die Supernova ihre Farbenpracht entfaltete, konnte ich nicht anders, als von der faszinierenden Physik in den Tiefen des Sternenhimmels gefesselt zu sein. Diese spektakuläre Vorstellung war der Auftakt zu einem Schauspiel, das in den kommenden Stunden und Nächten weitergehen sollte – ein Schauspiel, das die Energie der

Sterne, ihre Evolution und ihre beeindruckenden Transformationen enthüllte.

Willkommen im vierten Kapitel dieses Buches, in dem wir die verborgenen Geheimnisse der Himmelslichter entschlüsseln werden. Ein Kapitel, das von den lebendigen Geschichten erzählt, die sich in den glühenden Herzen der Sterne abspielen und uns einen Einblick in die weitreichenden physikalischen Prozesse gewährt, die den nächtlichen Himmel zum atemberaubenden Spektakel machen, das er ist. Tauchen wir ein in die Welt der Kernfusion, Supernovae und Schwarzen Löcher – in eine Welt, in der Sterne nicht nur leuchten, sondern auch die Baumeister des Kosmos sind.

## LEUCHTENDE KUGELN

Sterne sind die faszinierenden Hauptdarsteller im kosmischen Theater, leuchtende Kugeln aus heißem Gas, die den Himmel erhellen und unser Verständnis des Universums prägen. Die Grundlagen der Sternphysik ermöglichen es uns, in die tiefen Geheimnisse ihrer Struktur, ihres Lebenszyklus und ihrer Energieproduktion einzutauchen.

### Die Geburt der Sterne

Die Reise eines Sterns beginnt in dichten Wolken aus Gas und Staub, den sogenannten Molekülwolken, die im interstellaren Raum schweben. In diesen Wolken finden sich Gebiete höherer Dichte, die durch Gravitationskollaps und Verdichtung entstehen. Unter dem

Einfluss der Schwerkraft zieht sich das Material in diesen Regionen immer stärker zusammen, bis schließlich die Bedingungen für die Geburt eines Protosterns geschaffen sind.

Der Protostern[8] sammelt Materie in seinem Zentrum, wobei er einen Großteil des umgebenden Materials ansaugt. Dieser Vorgang geht mit einer Freisetzung enormer Energiemengen einher. Das im Zentrum akkumulierte Material wird durch die Gravitationskräfte zusammengepresst, wodurch Temperaturen und Drücke erreicht werden, die für die Kernfusion notwendig sind. Dieser fundamentale Prozess markiert den Übergang vom Protostern zu einem leuchtenden Stern auf der Hauptreihe.

Die Energie, die während der Kernfusion freigesetzt wird, erzeugt das charakteristische Leuchten eines Sterns und stabilisiert ihn gegen den weiteren Gravitations-kollaps[9]. Dieses Gleichgewicht zwischen der anziehenden Kraft der Gravitation und dem nach außen wirkenden Strahlungsdruck ist entscheidend für die Stabilität eines Sterns während seiner Hauptreihenphase. So entfaltet sich das Drama der Sternentstehung, bei dem aus den dunklen und kalten Molekülwolken leuchtende Kugeln hervorgehen, die den Himmel erhellen und die Bühne für die weiteren Prozesse in ihrem Lebenszyklus bereiten.

---

[8] Ein frühes Stadium in der Sternentwicklung, wenn ein Stern aus einer kollabierenden Wolke aus Gas und Staub entsteht, bevor die Kernfusion beginnt.

[9] Der Prozess, bei dem ein astronomisches Objekt unter dem Einfluss seiner eigenen Schwerkraft zusammenstürzt.

## Der Weg zum Hauptreihenstern

Wenn ein Protostern genügend Masse angesammelt hat, beginnt der transformative Prozess der Kernfusion in seinem Inneren. Diese Reaktion entfesselt immense Energiemengen und markiert den Beginn des leuchtenden Daseins eines Sterns. Der Protostern wird zum Hauptreihenstern und betritt damit die Phase, die den Großteil seines Lebens ausmachen wird.

Während der Kernfusion verschmilzt Wasserstoff im Sternkern zu Helium. Dabei wird die verblüffende Energiemenge freigesetzt, die das charakteristische Leuchten der Sterne erzeugt. Dieses Strahlen, das durch die Verschmelzung von Atomkernen entsteht, bildet die Grundlage für die Stabilität und das Gleichgewicht eines Sterns. Die Hauptreihe, auf der ein Stern nun verweilt, ist eine Phase relativer Ruhe, in der die Energieproduktion durch die Fusion von Wasserstoff und Helium das Gravitationskollabieren des Sterns effektiv ausgleicht. Es ist diese Phase, die den Sternen ihre charakteristische Helligkeit und Farbe verleiht und sie zu den faszinierenden Himmelskörpern macht, die wir bewundern und studieren.

## Der ewige Kampf zwischen Gravitation und Strahlungsdruck

In der Hauptreihenphase eines Sterns entfaltet sich ein delikates Gleichgewicht zwischen zwei entscheidenden Kräften: der Gravitationskraft, die bestrebt ist, den Stern durch Zusammenziehung weiter zu verdichten, und dem Strahlungsdruck, der durch die anhaltende nukleare Fusion im Inneren des Sterns erzeugt wird und nach außen drängt. Dieser ewige Kampf zwischen diesen Kräften bildet das Herzstück der Sternphysik und ist entscheidend für die Aufrechterhaltung der Stabilität eines Sterns.

Die Gravitationskraft, eine der fundamentalen Kräfte im Universum, versucht unaufhörlich, die Materie eines Sterns zu komprimieren. Je mehr Masse ein Stern hat, desto stärker ist die Gravitationskraft, die darauf drängt, dass der Stern weiter zusammenfällt. Auf der anderen Seite steht der Strahlungsdruck, der durch die Energie, die während der Kernfusion freigesetzt wird, entsteht. Diese Energie erzeugt einen Strahlungsdruck, der nach außen wirkt und den Gravitationskollaps des Sterns verhindert.

Es ist dieses empfindliche Gleichgewicht, das den Stern in seiner charakteristischen Form und Temperatur stabilisiert. Solange die Energieproduktion durch die Kernfusion ausreichend ist, um die Gravitationskräfte auszugleichen, bleibt der Stern in einem Zustand relativer Ruhe. Diese Phase auf der Hauptreihe ist prägend für das Sternenleben und stellt einen entscheidenden Abschnitt dar, der die Erscheinung und das Verhalten der Sterne maßgeblich beeinflusst.

## Die Farben der Sterne

Die Farbe eines Sterns dient als aufschlussreicher Indikator für seine Temperatur und liefert damit entscheidende Informationen über seine physikalischen Eigenschaften, Lebensphase und Entwicklung. Sterne variieren in ihrer Farbe aufgrund der unterschiedlichen Temperaturen ihrer Oberflächen.

Heiße Sterne, die extrem hohe Temperaturen aufweisen, erscheinen im Allgemeinen bläulich. Dies ist darauf zurückzuführen, dass ihre Oberflächen so heiß sind, dass sie vorwiegend blaues Licht emittieren. Ein Beispiel für einen heißen Stern ist der berühmte Stern Sirius, der am Himmel als auffällig blauer Punkt erscheint.

Im Gegensatz dazu erscheinen kühlere Sterne eher rötlich. Dies liegt daran, dass ihre Oberflächentemperaturen niedriger sind und sie daher vorwiegend rotes Licht abstrahlen. Ein bekanntes Beispiel für einen rötlichen Stern ist der Betelgeuse im Orion, der als Teil des berühmten Orion-Gürtels eine warme, rötliche Farbe zeigt.

Diese Farbvielfalt unter den Sternen ist ästhetisch ansprechend und bietet einen Einblick in ihre Lebenszyklen. Wenn Sterne altern und ihre Temperatur sich ändert, reflektiert dies sich in der Farbe, die sie am Himmel präsentieren. Daher dient die Beobachtung der Farben der Sterne als Fenster, durch das wir in die Entwicklung und den aktuellen Zustand dieser leuchtenden Himmelskörper blicken können.

## Der Lebenszyklus der Sterne

Der Lebenszyklus eines Sterns ist eng mit seiner Masse verbunden und führt zu vielfältigen Entwicklungspfaden. Kleine Sterne, vergleichbar mit unserer Sonne, durchlaufen langsame Veränderungen im Laufe der Zeit. Nachdem sie den größten Teil ihres Wasserstoffvorrats durch Fusion in Helium umgewandelt haben, schwellen sie zu roten Riesen an und werfen ihre äußeren Hüllen ab. Was zurückbleibt, ist ein kleiner, dichter Kern, der als weißer Zwerg bekannt ist. Dieser Zwergstern strahlt über lange Zeiträume langsam seine Restwärme ab und erlischt schließlich zu einem kalten, dunklen Objekt.

Im Kontrast dazu erleben massive Sterne ein dramatisches Ende. Mit einem Überfluss an Materie können sie spektakuläre Supernova-Explosionen erfahren. Diese gewaltigen Ereignisse schleudern das äußere Material des Sterns ins All und können so viel Energie freisetzen, dass der verbleibende Kern zu einem Neutronenstern oder sogar zu einem Schwarzen Loch kollabiert. Neutronensterne sind extrem dichte Objekte, bei denen Materie auf subatomare Dimensionen zusammengedrückt wird, während Schwarze Löcher die Grenzen der Gravitation selbst herausfordern.

Die Untersuchung dieser unterschiedlichen Entwicklungsstadien ermöglicht es uns, die beeindruckende Vielfalt der Sternpopulationen im Universum zu verstehen. Von den sanften Veränderungen kleiner Sterne bis zu den explosiven Enden massereicher Sterne bieten die verschiedenen Wege im Lebenszyklus ein faszinierendes Panorama der kosmischen Evolution.

## STERNENTYPEN

Die Sterne des Universums sind keine uniformen Leuchtkörper. Vielmehr gibt es eine beeindruckende Vielfalt von Sternentypen, die sich durch ihre Masse, Größe, Temperatur und andere charakteristische Merkmale unterscheiden. Dieses Unterkapitel wirft einen Blick auf die verschiedenen Kategorien von Sternen und ihre einzigartigen Eigenschaften.

## Hauptreihensterne

Die überwältigende Mehrheit der Sterne gehört zu der Kategorie der Hauptreihensterne. Diese leuchtenden Himmelskörper befinden sich in einer Phase relativer Stabilität, in der sie Wasserstoff zu Helium in ihren Kernen fusionieren. Diese lebenserhaltende Kernfusion ist der Energielieferant, der das charakteristische Leuchten der Sterne hervorbringt und sie zu den beherrschenden Akteuren im Universum macht.

Obwohl sie sich in dieser Hauptreihenphase befinden, variieren diese Sterne erheblich in ihrer Masse und Temperatur. Die Masse eines Sterns beeinflusst nicht nur seine Helligkeit, sondern auch seine Lebensdauer und seinen letztendlichen Weg. Von leichten Zwergen bis zu massiven Giganten erstreckt sich die Palette der Hauptreihensterne. Jedes Mitglied dieser kosmischen Familie trägt seinen einzigartigen Beitrag zur Vielfalt des Sternenhimmels bei.

Die Temperatur eines Hauptreihensterns bestimmt seine Farbe, wobei heißere Sterne bläulich erscheinen und kühlere Sterne eher rötlich leuchten. Diese Farbvariationen sind visuell beeindruckend und dienen als Fenster, durch das Astrophysiker tiefer in die inneren Eigenschaften und Entwicklungsstadien dieser Sterne blicken können. So offenbart die Hauptreihenphase nicht nur die relative Ruhe der Sterne, sondern auch die beeindruckende Diversität, die im schier endlosen Theater des Universums existiert.

## Rote Riesen und Überriesen

Sterne, die am Ende ihrer Hauptreihenphase stehen, unterziehen sich dramatischen Veränderungen und können zu imposanten Roten Riesen oder sogar zu Überriesen anschwellen. Diese Sterne zeichnen sich nicht nur durch ihre beeindruckende Größe aus, sondern leuchten oft in strahlenden Farben, die den Himmel mit einer eindrucksvollen Pracht erfüllen. Der Grund für diese spektakulären Transformationen liegt im fortschreitenden Erschöpfen des Wasserstoffvorrats im Kern des Sterns.

Während ein Stern älter wird, verlagert er seinen Fusionsprozess von Wasserstoff zu Helium in die äußeren Schichten, was zu einer Ausdehnung dieser Schichten führt. Der Stern wird dadurch zu einem Roten Riesen, dessen Durchmesser um ein Vielfaches größer ist als zuvor.

Der entscheidende Prozess, der in dieser Phase stattfindet, ist die Hüllenabstoßung. Die äußeren Schichten des Sterns werden vom intensiven Strahlungsdruck, der durch die fortgeschrittene Kernfusion erzeugt wird, abgestoßen. Dieser vom Stern abgestoßene Materiestrom[10] bereichert das umgebende interstellare Medium mit schweren Elementen, die während des Sternenlebens im Inneren erzeugt wurden. Die Hüllenabstoßung spielt somit eine entscheidende Rolle bei der chemischen Anreicherung des Universums,

---

[10] Die Bewegung von Materie, meist Gas oder Staub, zwischen Himmelskörpern oder innerhalb eines Sternensystems.

indem sie schwerere Elemente wie Kohlenstoff, Stickstoff und Sauerstoff in den Raum entlässt.

Die Phase der Roten Riesen und Überriesen ist nicht nur für das Verständnis der Sternentwicklung von entscheidender Bedeutung, denn es trägt maßgeblich zur Vielfalt der chemischen Bausteine bei, aus denen zukünftige Sterngenerationen und Planetensysteme entstehen werden.

## Weiße Zwerge

Kleine Sterne wie unsere Sonne beenden ihre Lebensreise in einer relativ ruhigen und dennoch faszinierenden Phase als Weiße Zwerge. Nachdem sie ihren Wasserstoffvorrat im Kern durch Fusion erschöpft haben, erleben diese Sterne eine Hüllenabstoßung, bei der äußere Schichten des Sterns ins All geschleudert werden. Was zurückbleibt, ist der kompakte, heiße Kern des Sterns, der nun als Weißen Zwerg bezeichnet wird.

Weiße Zwerge sind dichte Überreste, die vorwiegend aus Elektronen und Atomkernen bestehen. Obwohl sie keine aktive Kernfusion mehr haben, strahlen sie Restwärme ab, die über Äonen hinweg langsam abnimmt. Dieser Abkühlungsprozess erstreckt sich über Zeiträume, die astronomische Maßstäbe übersteigen und markiert das schrittweise Verblassen eines einst lebhaften Sterns.

Das friedliche Ende als Weißer Zwerg steht im Kontrast zu den dramatischen Explosionen, die manch andere Sterne erleben. In dieser Phase wird der Weiße Zwerg zu einem dauerhaften, leuchtenden Denkmal im Universum, das seine kosmische Geschichte auf eine ruhige und stille Weise abschließt. Es ist ein weiteres Beispiel für die

Vielfalt der Sternenwege und verdeutlicht, dass Sterne unterschiedlicher Masse ihre eigenen einzigartigen Abschiede haben.

## Neutronensterne

Bei extrem massiven Sternen, die das Ende ihres Lebenszyklus erreichen, setzt der Kollaps während einer gewaltigen Supernova-Explosion ein. Dieser eindrucksvolle Vorgang resultiert in der Entstehung von Neutronensternen, einer der faszinierendsten Erscheinungen im Universum. Die Kollision und Kompression der Materie führen dazu, dass die Elektronen mit den Protonen im Kern des Sterns verschmelzen, wodurch Neutronen entstehen.

Neutronensterne sind extrem dichte Objekte, die hauptsächlich aus Neutronen bestehen. Die Gravitation an der Oberfläche eines Neutronensterns ist so intensiv, dass ein Teelöffel des Materials auf der Erde so viel wiegen würde wie ein Berg. Diese extremen Gravitationskräfte können auch dazu führen, dass Neutronensterne rasant rotieren, wobei einige von ihnen Hunderte Male pro Sekunde um die eigene Achse wirbeln.

Die Eigenschaften von Neutronensternen, ihre extremen Dichten und Rotationsgeschwindigkeiten, erklären sie zu einem Schlüsselobjekt für die Erforschung der fundamentalen Physik. Ihr Verständnis hilft nicht nur dabei, die Grenzen unserer Kenntnisse über Materie und Raum-Zeit zu erweitern, sondern ermöglicht auch Einblicke in die extremen Bedingungen, die im Kosmos existieren können.

## Schwarze Löcher

Die ultimative Manifestation massiver Prozesse um den Sternenkollaps sind Schwarze Löcher – rätselhafte Gebilde im Universum. Schwarze Löcher sind Regionen im *Raum-Zeit-Gefüge*[11] mit einer derart überwältigenden Gravitation, dass nicht einmal Licht ihrem Bann entkommen kann. Diese Eigenschaft verdankt sich einem Punkt innerhalb des Schwarzen Lochs, dem sogenannten Ereignishorizont, von dem es kein Zurück mehr gibt.

Ereignishorizonte markieren die Grenze, jenseits derer nichts, nicht einmal elektromagnetische Strahlung, der Schwerkraft entkommen kann. Dieses Phänomen macht Schwarze Löcher zu unsichtbaren, aber dennoch nachweisbaren Objekten im Universum. Sie sind nicht direkt beobachtbar, aber ihre Wechselwirkungen mit der Materie in ihrer Umgebung hinterlassen charakte-ristische Spuren.

Schwarze Löcher beeinflussen dabei ihre unmittelbare Umgebung, verändern aber auch das Raum-Zeit-Gefüge auf faszinierende Weise. Sie biegen Raum und Zeit so stark, dass sie sogar das Licht ablenken können, ein Effekt, der als Gravitationslinseneffekt bekannt ist. Dieser Einfluss ermöglicht es Astronomen, indirekt die Anwesenheit von Schwarzen Löchern zu erkennen und

---

[11] Ein Konzept der Relativitätstheorie, das Raum und Zeit als verbundene Dimensionen eines vierdimensionalen Kontinuums beschreibt, das durch die Anwesenheit von Masse und Energie gekrümmt wird.

ihre Auswirkungen auf benachbarte Sterne und Galaxien zu studieren.

Die Erforschung von Schwarzen Löchern stellt eine der aufregendsten Herausforderungen in der Astrophysik dar und hat bereits zu bahnbrechenden Erkenntnissen über die Natur von Raum, Zeit und Gravitation geführt. Diese mysteriösen Objekte sind Schlüsselakteure bei der Gestaltung der fundamentalen Struktur des Universums.

## WUSSTEST DU SCHON?

Schwarze Löcher sind nicht wirklich schwarz. Sie sind nämlich unsichtbar, weil kein Licht entkommen kann.

# DIE ARCHITEKTUR DES UNIVERSUMS

Es war eine klare Nacht im Frühsommer, als ich zum ersten Mal ein Teleskop in den Himmel richtete. Was ich durch die Linsen sah, veränderte für immer mein Verständnis vom Universum. Die Milchstraße, die zuvor als verschwommener Streifen am Nachthimmel erschien, entpuppte sich als eine unzählige Anzahl von Sternen, die sich zu einer majestätischen Galaxie zusammenschlossen.

Diese Entdeckung markierte den Beginn einer spannenden Reise in die Welt der Galaxien – den kosmischen Bausteinen, aus denen unser Universum gewoben ist. Galaxien, leuchtenden Inseln im dunklen Ozean des Alls, sind die Heimat von Milliarden von Sternen, Gasnebeln und geheimnisvoller dunkler Materie. Doch die wahre Schönheit und Komplexität dieses Galaxienmosaiks offenbart sich erst bei genauerem Hinsehen.

# DEFINITION UND CHARAKTERISTIKA

Galaxien sind schillernde Bausteine des Universums und bilden das Rückgrat unseres kosmischen Nachthimmels. Doch was genau sind sie und wie können wir sie charakterisieren? Lass uns in dieses faszinierende Kapitel der Galaxien eintauchen.

## Definition von Galaxien

Galaxien sind gewaltige Ansammlungen von Sternen, Gas, Staub und dunkler Materie, die durch die Schwerkraft miteinander verbunden sind. Diese gigantischen Strukturen können von Spiralarmen durchzogen sein, sich zu majestätischen Ellipsen formen oder als irreguläre Galaxien chaotisch erscheinen. Sie sind die Bausteine, aus denen das Universum seine beeindruckende Vielfalt schöpft.

## Galaxientypen

Die Vielfalt der Galaxien ist atemberaubend. Von den eleganten Spiralgalaxien, die sich wie spiralförmige Kunstwerke entfalten, über die kugelförmigen Ellipsengalaxien[12] hin zu den unregelmäßigen Galaxien, die scheinbar ohne festes Muster tanzen – jede Galaxieart erzählt ihre eigene Geschichte. Diese Vielfalt gibt

---

[12] Typ von Galaxien mit ellipsenförmiger, glatter Struktur ohne ausgeprägte Spiralarme, bestehend hauptsächlich aus älteren Sternen.

Einblicke in die unterschiedlichen Entstehungs- und Evolutionsprozesse im Universum.

## Struktur von Galaxien

Galaxien offenbaren eine faszinierende innere Struktur. Ihre Kerne können von einem supermassiven Schwarzen Loch bewohnt sein, während Spiralarme sich elegant um das Zentrum wickeln. Der Halo, eine weitläufige Region, umgibt die Galaxie und enthält alte Sterne, während die Scheibe aktive Sternentstehung beherbergt. Diese Struktur beeinflusst nicht nur das ästhetische Erscheinungsbild, sondern auch das Verhalten und die Entwicklung der Galaxien.

## Sternenpopulationen in Galaxien

In den Weiten der Galaxien finden wir eine Vielzahl von Sternenpopulationen. Von jungen, massereichen Sternen, die in Sternentstehungsgebieten aufleuchten, bis zu alten, rötlichen Sternen in den äußeren Regionen – jede Galaxie ist eine Schatztruhe verschiedener Sternengenerationen. Diese Unterschiede in der Sternenpopulation tragen dazu bei, die Geschichte und Entwicklung einer Galaxie zu entschlüsseln.

## Dynamik und Rotation

Die Bewegung von Galaxien ist ein spannendes Studiengebiet. Einige Galaxien drehen sich elegant und harmonisch, während andere durch chaotische Wechselwirkungen mit Nachbarn gestört werden. Die Rotationsgeschwindigkeit und die Masse einer Galaxie beeinflussen ihre Dynamik und sind entscheidende Parameter für unser Verständnis ihrer Entwicklung.

# DIE MILCHSTRAßE

In der sternenübersäten Dunkelheit des Nachthimmels erstrahlt eine vertraute Silhouette – die Milchstraße. Diese majestätische Spiralgalaxie[13] ist ein beeindruckender Anblick am Firmament und zugleich unsere kosmische Heimat.

## Morphologie der Milchstraße

Die Milchstraße offenbart sich uns als eine spiralige Struktur mit ausgeprägten Armen, die sich um einen zentralen Bereich erstrecken. Wir befinden uns in einem der Spiralarme, etwa 27.000 Lichtjahre vom galaktischen Zentrum entfernt. Die beeindruckende Spirale, durchzogen von Gas, Staub und Sternen, verleiht der Milchstraße ihr charakteristisches Aussehen.

Unsere Heimatgalaxie erstreckt sich über schwindelerregende Entfernungen – ein atemberaubendes Schauspiel, das den Nachthimmel in den klaren Nächten unserer Erde erhellt. Als Bewohner eines der Spiralarme erleben wir die majestätische Dynamik dieses gewaltigen Strukturgebildes.

---

[13] Eine Galaxie mit einer flachen, scheibenförmigen Struktur und charakteristischen Spiralarmen, die aus jungen Sternen, Gas und Staub bestehen.

Die Spiralarme sind zudem Orte reger Aktivität. In diesen Regionen werden die Bausteine neuer Sterne geformt, wenn dichte Gas- und Staubwolken kollabieren und junge Sterne zum Leben erwecken. Das Zusammenspiel von Schwerkraft und magnetischen Feldern webt ein faszinierendes Netzwerk von Sternen, Nebeln und anderen Himmelskörpern, die die Milchstraße zu einem lebendigen Kosmos machen.

Unsere Position in einem der Spiralarme gibt uns einen einzigartigen Blick auf das galaktische Drama. Während wir mit der Erde um die Sonne kreisen, erleben wir die rhythmischen Bewegungen der Sterne um das Zentrum der Milchstraße. Dieses faszinierende Zusammenspiel von Kräften und die dynamische Struktur der Spiralarme formen die Landschaft unserer galaktischen Nachbarschaft und beeinflussen die Reise der Sterne durch den Himmel.

## Der galaktische Kern

Inmitten des galaktischen Schauspiels erhebt sich das Herz der Milchstraße, ein Ort beispielloser Gravitationskraft und kosmischer Neugierde. Hier, im galaktischen Zentrum, dominiert ein unsichtbares Ungeheuer die Szene – das supermassive Schwarze Loch *Sagittarius A**. Diese monströse Schwerkraftquelle übt eine massive Anziehungskraft aus, die selbst das Licht gefangenhält und die Bahnen der umliegenden Sterne beeinflusst.

*Sagittarius A** ist dabei nicht nur Gravitationspunkt, denn er ist der Hauptdarsteller eines kosmischen Dramas, das die Gesetze der Physik auf ihre extremen Grenzen prüft. Die Bewegungen der Sterne um dieses unsichtbare Monster wurden zu einem wichtigen Experimentierfeld für Astronomen. Sie beobachten, wie Sterne durch die intensive Gravitation in bizarre Bahnen gelenkt werden und ziehen Schlüsse über die Natur von Schwarzen Löchern und die Dynamik unseres galaktischen Zentrums.

Der galaktische Kern ist ein Fenster zu den extremen Bedingungen, die in unserer Milchstraße herrschen. Die Intensität der Strahlung, die von *Sagittarius A** ausgeht, gibt Aufschluss über Prozesse, die sich in unmittelbarer Nähe des Schwarzen Lochs abspielen. Das galaktische Zentrum ist somit nicht nur ein geheimnisvoller Ort in unserer Galaxie, sondern ein Portal zu den rätselhaftesten Phänomenen im Universum.

## Sterne und Sternentstehungsgebiete

Die Milchstraße, ein schier unerschöpflicher Sternenreichtum, bietet in ihren Spiralarmen eine große Vielfalt von Himmelskörpern. Inmitten dieser sternenübersäten Regionen entstehen zahlreiche Sternengeburten, in denen die Galaxie buchstäblich zum Leben erwacht. Dichte Gas- und Staubwolken dienen als Wiege für junge Sterne, die in diesen kosmischen Werkstätten ihre ersten Strahlen ins All senden.

Diese Sternengeburten sind keineswegs zufällige Ansammlungen von Materie. Vielmehr sind sie wichtige Akteure in der epischen Geschichte der Galaxie. Die Schwerkraft zieht das gasförmige Material in sich zusammen, während gleichzeitig Druckwellen und

Schockfronten[14] es zum Leuchten bringen. Aus dem Dunkel der kosmischen Materiewolken erheben sich leuchtende Sterne. Diese lebendigen Schöpfungsprozesse prägen das Erscheinungsbild und die Entwicklung der Milchstraße.

Die Spiralarme fungieren dabei als künstlerische Pinselstriche auf der kosmischen Leinwand, jeder Stern ein Meisterwerk, jede Region ein einzigartiges Kapitel in der Geschichte unserer Galaxie. Während wir den Nachthimmel betrachten, sind wir Zeugen dieses fortwährenden Prozesses der Geburt und des Wachstums neuer Sterne in den fernsten Ecken unserer kosmischen Heimat.

## Dunkle Materie und Halo

Doch nicht alles, was die Milchstraße formt und lenkt, präsentiert sich unseren Augen in strahlender Helligkeit. Ein unsichtbares Geheimnis, das die Natur der Galaxie tiefgreifend beeinflusst, ist die sogenannte Dunkle Materie. Wie ein verborgener Regisseur wirkt diese rätselhafte Substanz im Hintergrund und lenkt das Schicksal der sichtbaren Sterne.

Dunkle Materie bildet einen unsichtbaren Halo um die Milchstraße – eine unsichtbare Krone, die das sichtbare Zentrum umgibt. Obwohl wir Dunkle Materie nicht direkt sehen können, spüren wir ihre Anwesenheit durch ihre gravitative Wirkung. Diese unsichtbare Masse wirkt wie

---

[14] Schnelle, kraftvolle Ausbreitungen von Druck und Dichte in einem Medium, oft verursacht durch Explosionen oder schnelle Bewegungen in Gasen und Flüssigkeiten.

eine unsichtbare Hand, die die Sterne in ihren Bahnen lenkt und somit zur Struktur und Stabilität der gesamten Galaxie beiträgt.

Die Natur der Dunklen Materie bleibt bis heute ein Mysterium. Forscherinnen und Forscher setzen komplexe Experimente und hoch entwickelte Teleskope ein, um dieses unsichtbare Puzzlestück im galaktischen Gesamtbild zu verstehen. Die Rolle der Dunklen Materie wird dabei nicht nur als passiver Zuschauer betrachtet. Sie ist ein aktiver Akteur, der die Bühne für das epische Schauspiel der Milchstraße bereitet.

## Unsere Position im Universum

Unsere Heimat, die Sonne und ihr begleitender Planetenverbund, einschließlich der Erde, folgen in einem der äußeren Spiralarme der Milchstraße einem sanften kosmischen Tanz. Diese besondere Position gewährt uns einen atemberaubenden Blick auf die Galaxie, während wir durch den endlosen Raum des Universums reisen. Die Milchstraße ist für uns ein ferner Anblick am Nachthimmel und vielmehr unsere aktive Bühne im galaktischen Ballett.

In diesem majestätischen Tanz bewegen wir uns gemeinsam mit der Sonne und den anderen Planeten durch die Spiralarme der Milchstraße. Während die Erde ihre Bahnen zieht, umkreisen wir das galaktische Zentrum und erleben die sich ständig verändernde Szenerie unserer galaktischen Nachbarschaft. Die Sterne in unserer Umgebung werden zu vertrauten Reisegefährten und die Struktur der Milchstraße wird zu einem lebendigen Teil unserer nächtlichen Beobachtungen.

Diese einzigartige Perspektive ermöglicht es uns, nicht nur passive Beobachter, sondern aktive Teilnehmer im galaktischen Drama zu sein. Wir sind eingebettet in die schier endlose Vielfalt von Sternen, Gaswolken und kosmischen Phänomenen, die die Milchstraße zu einem faszinierenden Schauplatz verzaubern. Während wir unsere galaktische Umgebung weiter erkunden, enthüllt sich uns ein immer tieferes Verständnis für die Rolle, die wir in diesem kosmischen Tanz spielen.

# GALAXIENHAUFEN

Galaxien bilden nicht nur einzeln isolierte Strukturen, sondern gruppieren sich in gewaltigen Ensembles, die als Galaxienhaufen und Superhaufen bekannt sind. Diese kosmischen Versammlungen sind gewaltige Fenster in die großräumige Struktur des Universums. Die Erforschung dieser Haufen enthüllt die beeindruckende Komplexität unserer galaktischen Nachbarschaft.

## Unser Universum im Großformat

Galaxienhaufen sind gewaltige Ansammlungen von Galaxien, die durch ihre eigene Schwerkraft miteinander verbunden sind. In diesen riesigen Strukturen können Hunderte bis Tausende Galaxien zusammengeballt sein. Ihre kollektive Masse übt einen enormen Gravitationszug aufeinander aus. Diese gewaltige Anziehungskraft beeinflusst die Bewegungen der einzelnen Galaxien innerhalb des Haufens, aber auch die Struktur des umgebenden Raum-Zeit-Gefüges.

Galaxienhaufen sind wertvolle Beobachtungsobjekte für Astronomen. Sie ermöglichen Einblicke in die kosmische Evolution und die Verteilung von Materie im Universum. Die Beobachtung von Galaxienhaufen in verschiedenen Wellenlängen des Lichts, von sichtbarem Licht bis zu Radio- und Röntgenstrahlen, liefert umfassende Informationen über ihre Zusammensetzung, Dynamik und Entwicklungsgeschichte.

## Die Architektur des Kosmos

Galaxienhaufen bilden ihrerseits größere Strukturen, die als Superhaufen bezeichnet werden. Superhaufen sind immense Ansammlungen von Galaxienhaufen, die durch ihre eigene Schwerkraft verbunden sind. Diese gewaltigen Strukturen spannen Hunderte Millionen Lichtjahren[15] auf und zeichnen die großräumige Architektur des Kosmos.

Die Beobachtung von Superhaufen ermöglicht es Wissenschaftlern, die Verteilung von Materie auf den größten Skalen des Universums zu untersuchen. Sie geben Hinweise darauf, wie die Struktur des Universums entstanden ist und wie sie sich im Laufe der Zeit verändert hat. Superhaufen spielen eine Schlüsselrolle in unseren Bemühungen, die kosmische Webstruktur zu verstehen, die den Raum zwischen den Galaxien mit

---

[15] Eine Entfernungseinheit in der Astronomie, die der Strecke entspricht, die Licht in einem Jahr zurücklegt, etwa 9,46 Billionen Kilometer.

einem unsichtbaren Netzwerk aus dunkler Materie und gewöhnlicher Materie durchzieht.

Die Erforschung von Galaxien- und Superhaufen eröffnet ein Fenster zu den kosmischen Großstrukturen, die die Bühne für die Entfaltung des Universums bilden. Diese gewaltigen Ansammlungen von Galaxien erzählen die Geschichte der kosmischen Evolution und liefern wertvolle Einblicke in die Kräfte, die unser Universum geformt haben.

# | ENTSTEHUNG UND ENTWICKLUNG

Galaxien sind das Ergebnis eines kosmischen Schöpfungsprozesses, der über Milliarden von Jahren hinweg abgelaufen ist. Die Entstehung und Entwicklung von Galaxien sind Schlüsselaspekte in der kosmischen Chronik und werfen ein Licht auf die evolutionären Kräfte, die das Universum geformt haben.

## Geburt einer Galaxie

In den unsichtbaren Reichen des Universums, in denen Dunkle Materie das beherrschende Element ist, entspringt die Geburt einer Galaxie. Dunkle-Materie-Halos manifestieren sich als unsichtbare Schwerkraftreservoirs, die Gas und Staub an sich ziehen. Durch diese Anziehungskraft entstehen dichte Regionen, in denen sich die ersten Keime von Galaxien formen. Diese Protogalaxien, noch in ihrer zartesten und frühesten Phase, stellen das Fundament für die Entstehung von Sternen und anderen Himmelskörpern dar.

In den Dunklen Materie-Halos beginnen die ersten zarten Gebilde, sich aus den Schatten der Unsichtbarkeit zu erheben. Gas und Staub sammeln sich in den dichten Regionen, formen filamentartige Strukturen und setzen den komplexen Tanz der Schwerkraft in Gang. Während diese protogalaktischen Keime wachsen, wird die Bühne für die kosmische Schöpfung bereitet. Kleine Schwankungen in der Dichte des Dunkle-Materie-Gemisches führen dazu, dass sich die ersten Galaxien abzeichnen, langsam aber stetig ihre kosmische Existenz entfalten.

Dieser epische Beginn markiert den Auftakt zu einem kosmischen Drama, bei dem die unsichtbare dunkle Materie als unsichtbare Regisseurin agiert, während die sichtbare Materie allmählich ihre Form annimmt. Diese Protogalaxien sind die embryonalen Samen, aus denen die schillernden Galaxien des Universums erwachsen. Sie tragen in sich die Bausteine der Sterne und Planeten. Ihre Entwicklung wird von den kosmischen Gesetzen geleitet, die das Schicksal des Universums formen.

## Verschmelzungen und Kollisionen

In ihrem kosmischen Werdegang sind Galaxien nicht isoliert, sondern verweben sich auf dramatische Weise mit ihrer galaktischen Umgebung. Der Tanz der Galaxien, geprägt von Verschmelzungen und Kollisionen, ist ein Schlüsselaspekt, der ihre Struktur und Entwicklung maßgeblich beeinflusst. In diesem galaktischen Ballett entfaltet sich ein Schauspiel, das die Himmelsbühne mit neuen Sternen und atemberaubenden Veränderungen erhellt.

Während Galaxien durch den Raum schweben, sind sie den gravitativen Einflüssen ihrer kosmischen Nachbarn ausgesetzt. Verschmelzungen zwischen Galaxien sind dabei kunstvolle Zusammenführungen, bei denen die Grenzen zwischen den ursprünglichen Strukturen verschwimmen. In solchen majestätischen Verschmelzungen werden Sterne, Gaswolken und Staub in eine symphonische Choreografie gezogen, die die Galaxien zu einer neuen, gemeinsamen Existenz führt.

Kollisionen zwischen Galaxien sind dramatische Ereignisse, bei denen gewaltige Kräfte freigesetzt werden. Durch diese galaktischen Schicksalsbegegnungen können Sterne aus ihren ursprünglichen Bahnen gelenkt werden oder neue Geburtsstätten für Sterne[16] entstehen. Die Wechselwirkungen zwischen den gigantischen Sterneninseln führen zu Veränderungen in ihrer Struktur und Form, wodurch die Galaxien selbst zu Zeugen und Teilnehmern eines sich ständig entwickelnden kosmischen Dramas werden.

In diesen galaktischen Tanzritualen wird die Geschichte der Galaxien geschrieben. Ihre Dynamik und Verflechtungen geben Einblick in die komplexen Wechselwirkungen, die das Universum geformt haben. Zusammenführungen und Kollisionen sind nicht nur kosmische Zufälle, sondern wesentliche Akte in der epischen Saga der Galaxien, die die Vielfalt und Schönheit des Universums hervorbringen.

---

[16] Eine Region im Weltraum, in der neue Sterne aus verdichteten Gas- und Staubwolken gebildet werden.

## Aktive Galaxienkerne (AGN) und Quasare

Die energetischen Zentren in Galaxien, als *aktive Galaxienkerne (AGN)* bezeichnet, enthüllen eine weitere Facette der Galaxienentwicklung. Diese galaktischen Kraftwerke werden von supermassiven Schwarzen Löchern angetrieben, die in ihren Zentren residieren. Sie strahlen enorme Mengen an Energie in den Weltraum aus. Unter diesen *AGN* nehmen Quasare, eine spezielle Klasse von *AGN*, den Titel der hellsten Objekte im gesamten Universum ein. Die intensive Erforschung dieser Phänomene spielt eine entscheidende Rolle dabei, die Rolle von Schwarzen Löchern im Herzen von Galaxien zu entwirren und zu verstehen, wie sie die umgebende Materie beeinflussen.

In diesen galaktischen Powerhouses, den Aktiven Galaxienkernen, erreicht die Wechselwirkung von Materie mit den gewaltigen Kräften der Schwerkraft eine besonders extreme Form. Die Anziehung eines supermassiven Schwarzen Lochs führt dazu, dass umliegendes Gas und Staub in einem Diskus spiralförmig in das Schwarze Loch stürzen. Während dieser Prozess stattfindet, setzt sich die galaktische Umgebung der *AGN* einer intensiven Strahlung aus, die von Röntgenstrahlen bis zu Radiowellen reicht.

Quasare, als extrem leuchtende und energiereiche Subklasse von *AGN*, sind Himmelserscheinungen, die selbst über große kosmische Distanzen hinweg sichtbar sind. Ihr grelles Licht enthüllt nicht nur die Anwesenheit von supermassiven Schwarzen Löchern, sondern dient auch als ferner Leuchtturm, der Astronomen Einsicht in die frühen Phasen des Universums gewährt. Das Studium von *AGN* und Quasaren bietet somit nicht nur einen Blick in die tiefsten Geheimnisse der Galaxien, sondern eine Zeitreise zurück zu den Anfängen des Kosmos.

## WUSSTEST DU SCHON?

Der am weitesten entfernte bisher entdeckte Exoplanet ist so weit entfernt, dass sein Licht 13 Milliarden Jahre zu uns unterwegs war.

# GEHEIMNISVOLLE DUNKELHEIT

Dort, wo Raum und Zeit sich verflechten und die Schwerkraft zu einem unerbittlichen Sog wird, existieren sie, die geheimnisvollsten Gebilde des Kosmos – Schwarze Löcher. Sie sind dunkle und unergründliche Phänomene und faszinieren jeden, der sich auf die Reise durch die Wunder des Universums begibt.

Es war der finstere Nachthimmel über Arizona, der die Neugierde des Astronomen *John Michell* im 18. Jahrhundert weckte. Als er den Sternenhimmel durch sein Teleskop betrachtete, fragte er sich, was passieren würde, wenn ein Stern so massiv wäre, dass nicht einmal Licht seiner Anziehungskraft entkommen könnte. Eine Frage, die den Grundstein für das Verständnis von Schwarzen Löchern legte.

Jahrhunderte später, im 20. Jahrhundert, trieben die Theorien von *Albert Einstein* und die Entdeckungen von Astronomen wie *Karl Schwarzschild* und *Roy Kerr* die Erkenntnisse über Schwarze Löcher voran. Doch selbst heute, während wir auf den Spuren von Sternen wandeln, die in den Schlund dieser kosmischen Monster gefallen sind, bleiben Schwarze Löcher eine der rätselhaftesten Erscheinungen im Universum.

## ENTSTEHUNG UND CHARAKTERISTIKA

Der dramatische Weg zu einem Schwarzen Loch beginnt mit dem Abflauen der nuklearen Fusion in einem massiven Stern. Während ein Stern Energie durch die Umwandlung von Wasserstoff zu Helium erzeugt, hält der Druck dieser Prozesse dem ständigen Zusammenziehen durch die Gravitation entgegen. Doch später erreicht der Stern den Punkt, an dem er keine nukleare Energie mehr erzeugen kann, um dieser Schwerkraft standzuhalten.

Wenn dieser Brennstoff erschöpft ist, siegt die Gravitation über alle anderen Kräfte. Der massereiche Stern kollabiert unter seinem eigenen Gewicht. Der einst strahlende Riese wird zu einem winzigen Punkt von nahezu unendlicher Dichte – der Singularität. Diese Singularität, verborgen hinter dem Ereignishorizont, ist der Kernpunkt eines jeden Schwarzen Lochs und der Ausgangspunkt für die extremen Verzerrungen von Raum und Zeit um dieses mysteriöse kosmische Phänomen.

Der Ereignishorizont spielt eine entscheidende Rolle in der Identität eines Schwarzen Lochs. Er markiert den Punkt, an dem die Flucht vor der Gravitation des Schwarzen Lochs unmöglich wird. Wenn ein Objekt, sei es Licht oder Materie, einmal über diesen Horizont hinausgegangen ist, ist es für immer dem Sog des Schwarzen Lochs ausgeliefert.

Innerhalb des Ereignishorizonts beginnen die Raumzeitverzerrungen[17], die *Albert Einsteins* Allgemeine Relativitätstheorie vorhersagt. Die Schwerkraft ist so intensiv, dass sie nicht nur den Raum krümmt, sondern auch die Zeit selbst verlangsamt. Dieses Phänomen, als Gravitationszeitdilatation bekannt, bedeutet, dass die Zeit für einen Beobachter auf der Erde im Vergleich zu einem Objekt, das in das Schwarze Loch fällt, schneller vergeht. Es ist eine faszinierende Auswirkung, die die Natur der Raumzeit in der Nähe von Schwarzen Löchern definiert.

Die Größe des Ereignishorizonts wird durch die Masse des Schwarzen Lochs bestimmt. Je größer die Masse, desto weiter erstreckt sich der Horizont in den Raum. Kleine Schwarze Löcher haben winzige Ereignishorizonte, während supermassive Schwarze Löcher, die Millionen oder sogar Milliarden Sonnenmassen erreichen können, einen beeindruckenden Horizont haben, der den zentralen Teil von Galaxien umgibt. Diese individuellen Eigenschaften verleihen jedem Schwarzen Loch eine einzigartige Persönlichkeit in der kosmischen Landschaft.

## TYPEN VON SCHWARZEN LÖCHERN

Schwarze Löcher existieren in verschiedenen Größen und Kategorien, die von ihrer Masse und

---

[17] Eine Veränderung der Raumzeit, typischerweise durch die Gravitation großer Massen, die dazu führt, dass die Zeit langsamer vergeht und Entfernungen verzerrt werden.

Entstehungsgeschichte abhängen. Diese unterschiedlichen Typen werfen ein Licht auf die Vielfalt dieses faszinierenden kosmischen Phänomens.

## Stellare Schwarze Löcher

Der Weg zu einem stellaren Schwarzen Loch beginnt mit einem massiven Stern, der am Ende seines Lebenszyklus angelangt ist. Wenn dieser Stern nicht genügend Masse hat, um den spektakulären Ausbruch einer Supernova zu erleben, kann er dennoch ein beeindruckendes Ende haben. In einem Prozess, der als stellare Kollaps-Singularität[18] bekannt ist, zieht die eigene Gravitation des Sterns ihn zusammen, bis er zu einem Punkt von unvorstellbarer Dichte wird. Diese winzigen, aber extrem massereichen Punkte markieren die Geburt stellarer Schwarzer Löcher.

Diese Schwarzen Löcher haben im Vergleich zu ihren massereicheren Verwandten, den supermassiven Schwarzen Löchern, moderatere Größen. Mit Massen im Bereich von etwa drei bis zwanzig Sonnenmassen sind sie zahlreich in unserer Galaxie und in anderen Galaxien im Universum vorhanden. Ihre Entdeckung und Untersuchung haben Wissenschaftlern wertvolle Einblicke in die Lebenszyklen massiver Sterne und die physikalischen Prozesse hinter der Bildung von Schwarzen Löchern gewährt.

---

[18] Ein Punkt im Zentrum eines Schwarzen Lochs, an dem Materie unendlich dicht zusammengepresst wird und die Gesetze der Physik wie wir sie kennen nicht mehr gelten.

Ein stellares Schwarzes Loch entsteht, wenn die Gravitation den Stern dazu zwingt, zusammenzustürzen und dabei einen Punkt von unvorstellbarer Dichte zu erreichen. Dieser Punkt, die stellare Kollaps-Singularität, wird von einem unsichtbaren Ereignishorizont umgeben, der den Bereich markiert, ab dem nichts mehr dem Sog des Schwarzen Lochs entkommen kann. Diese faszinierenden Objekte sind unsichtbare Gravitationsfallen im Universum, die die Materie und sogar das Licht in ihrer Umgebung gefangen halten.

## Mittelgroße Schwarze Löcher

Mittelgroße Schwarze Löcher stellen ein rätselhaftes Bindeglied zwischen den stellaren und den supermassiven Schwarzen Löchern dar. Ihr Ursprung und ihre Entstehung konnte die Wissenschaft bislang nicht vollends verstehen. Vermutet wird aber, dass sie möglicherweise durch die Verschmelzung kleinerer Schwarzer Löcher oder sogar durch den direkten Kollaps von Gaswolken gebildet werden könnten.

Die genaue Entstehungsweise liegt derzeit noch im Verborgenen und Wissenschaftler arbeiten daran, die Prozesse zu verstehen, die zu ihrer Bildung führen. Ihre Massen, die zwischen den stellaren und supermassiven Schwarzen Löchern liegen, machen sie zu einem interessanten Bindeglied in der Hierarchie dieser kosmischen Phänomene. Die Untersuchung dieser Schwarzen Löcher könnte dazu beitragen, unser Verständnis der Wechselwirkungen und Dynamiken in dichten Regionen des Universums zu vertiefen.

## Supermassive Schwarze Löcher

Supermassive Schwarze Löcher beherrschen ganze Galaxien. Sie sind Giganten mit Massen von Millionen bis sogar Milliarden Sonnenmassen. Ihr genauer Bildungsmechanismus bleibt ein Rätsel und ist Gegenstand intensiver Forschung. Wissenschaftler vermuten, dass supermassive Schwarze Löcher durch die Akkretion großer Mengen an Materie, die sich in ihrem Umfeld ansammelt, oder durch die Fusion kleinerer Schwarzer Löcher entstehen können.

Diese massiven Objekte üben eine gewaltige Anziehungskraft aus und beeinflussen die Umgebung ihrer Galaxie erheblich. Ihre Gegenwart kann die Sternentstehung, die Verteilung von Materie und sogar die Struktur der gesamten Galaxie beeinflussen. Supermassive Schwarze Löcher spielen eine Schlüsselrolle in der kosmischen Evolution und sind eng mit den Prozessen verknüpft, die zum Aufbau und zur Entwicklung von Galaxien führen. Die Erforschung ihrer Natur und ihres Einflusses auf ihre kosmische Umgebung ist entscheidend für ein umfassendes Verständnis der Entstehung und Entwicklung von Galaxien im Universum.

# EIGENSCHAFTEN UND BESONDERHEITEN

Schwarze Löcher prägen ihre unmittelbare Umgebung mit einzigartigen Eigenschaften und beeindruckenden Phänomenen.

## Akkretionsscheiben

Die extreme Gravitationskraft eines Schwarzen Lochs zieht Materie aus seiner Umgebung an. Diese Materie bildet eine rotierende Scheibe, die als Akkretionsscheibe[19] bekannt ist. Während die Materie in die Nähe des Ereignishorizonts gelangt, erhitzt sie sich auf extrem hohe Temperaturen und gibt intensive Strahlung in verschiedenen Wellenlängen, einschließlich Röntgenstrahlung, ab. Diese Akkretionsscheiben sind lebendige Energiequellen, die von Astronomen sorgfältig erforscht werden, um mehr über die Eigenschaften von Schwarzen Löchern und die Natur des umgebenden Raums zu erfahren.

Die Strahlung aus Akkretionsscheiben ermöglicht es den Wissenschaftlern, nicht nur die Anwesenheit von Schwarzen Löchern zu identifizieren, überdies ihre Masse und Rotationsgeschwindigkeit zu bestimmen. Es entstehen komplexe Beobachtungen, die die Physik extremer Gravitationsfelder und die Wechselwirkung von Materie und Raumzeit vertiefen. Röntgenteleskope im Weltraum, wie das *Chandra*, haben entscheidende Beiträge zur Entschlüsselung dieser Prozesse geliefert, indem sie den Röntgenblick auf den Himmel gerichtet haben.

---

[19] Eine rotierende Scheibe aus Gas, Staub und anderen Materialien, die sich um ein zentrales Objekt wie ein Schwarzes Loch, Neutronenstern oder einen jungen Stern ansammelt.

## Jets und Strahlen

In einigen Fällen senden Schwarze Löcher energiereiche Jets[20] oder Strahlen aus. Diese Jets bestehen aus beschleunigten Teilchen und können enorme Entfernungen im Raum zurücklegen. Ihre Entstehung ist eng mit den magnetischen Feldern in der Nähe des Schwarzen Lochs verbunden und stellt einen der stärksten energetischen Prozesse im Universum dar. Wenn Materie in die Gravitationsfalle eines Schwarzen Lochs gerät, werden Teile davon entlang von Magnetfeldlinien beschleunigt und in Form von Jets mit nahezu Lichtgeschwindigkeit ausgestoßen.

Diese Jets sind spielen eine wichtige Rolle bei der Beeinflussung der Umgebung des Schwarzen Lochs und der Entstehung neuer Sterne in Galaxien. Die Erforschung dieser Strukturen liefert wertvolle Einblicke in die Wechselwirkung zwischen Schwarzen Löchern und ihrer kosmischen Umgebung. Moderne Teleskope im Weltraum ermöglichen es uns, diese Jets in verschiedenen Wellenlängen zu beobachten und zu verstehen.

## Raumkrümmung und Zeitdehnung

Die Nähe zu einem Schwarzen Loch führt zu extremen Raumkrümmungen und Zeitdehnungen. Dies bedeutet, dass die Gesetze der Zeit und des Raumes in der Nähe

---

[20] Schmale, hochenergetische Strahlen aus Teilchen und Strahlung, die von bestimmten astronomischen Objekten wie Schwarzen Löchern, Neutronensternen oder jungen Sternen ausgesandt werden.

eines Schwarzen Lochs auf ungewöhnliche Weise beeinflusst werden. Uhren gehen langsamer und Raum selbst wird verzerrt, was zu spannenden Phänomenen wie Gravitationslinsen führt.

Gravitationslinsen sind ein beeindruckendes Beispiel für die Auswirkungen der Gravitation auf Licht. Wenn sich ein Schwarzes Loch zwischen einem fernen Himmelsobjekt und einem Beobachter befindet, kann die Gravitationskraft des Schwarzen Lochs das Licht des entfernten Objekts ablenken und verzerren. Dies führt zu einem verzerrten Bild des Hintergrundobjekts, das für Astronomen als Vergrößerungseffekt dient und es ermöglicht, weit entfernte Himmelsobjekte genauer zu studieren. Gravitationslinsen sind somit nicht nur ein interessantes Phänomen, vielmehr ein wichtiges Werkzeug in der Erforschung des Universums und der Bestätigung von *Einsteins* Theorie der allgemeinen Relativität.

## Hawking-Strahlung

Eine theoretische Vorstellung, die mit Schwarzen Löchern verbunden ist, ist die Hawking-Strahlung. Nach der Quantenfeldtheorie[21] kann es zu einem kontinuierlichen Teilchen-Antiteilchen-Paar[22] in der Nähe des

---

[21] Ein theoretischer Rahmen in der Physik, der die Quantenmechanik mit der speziellen Relativitätstheorie verbindet und das Verhalten von Teilchenfeldern beschreibt.

[22] Ein Paar von subatomaren Partikeln, wobei eines ein normales Teilchen und das andere sein Antiteilchen ist, das entgegengesetzte Eigenschaften wie Ladung aufweist.

Ereignishorizonts kommen. Wenn eines der Teilchen ins Innere des Schwarzen Lochs fällt, kann das andere als Hawking-Strahlung entkommen. Dieser Prozess würde zu einer langsam abnehmenden Masse des Schwarzen Lochs führen. Obwohl die Hawking-Strahlung bisher nicht direkt beobachtet wurde, ist sie ein akzeptiertes Konzept, das die Quantenmechanik mit der Gravitation auf mikroskopischer Ebene verbindet. Es repräsentiert einen der erstaunlichen Aspekte der Physik in extremen Umgebungen wie denen in der Nähe von Schwarzen Löchern.

## Informationsparadoxon

Ein grundlegendes Konzept, das mit Schwarzen Löchern verbunden ist, betrifft das Schicksal der Information. Die Idee, dass Information, die in ein Schwarzes Loch fällt, möglicherweise für immer verloren geht, widerspricht den Prinzipien der Quantenmechanik, was zu einem kontroversen Problem in der theoretischen Physik führt, bekannt als das Informationsparadoxon.

Angenommen, du wirfst ein Buch in ein Schwarzes Loch. Laut den Gesetzen der Quantenmechanik darf Information nicht verloren gehen, da Information in einem abgeschlossenen System erhalten bleibt. Wenn das Buch in das Schwarze Loch fällt, würde die Information darüber, was auf den Seiten geschrieben steht, nach den Prinzipien der Quantenmechanik erhalten bleiben.

Allerdings besagt die Allgemeine Relativitätstheorie, dass alles, was einmal den Ereignishorizont eines Schwarzen Lochs überschreitet, für immer darin verschwindet, ohne jegliche Informationen nach außen zu senden. Dies steht im Widerspruch zu den Prinzipien der Quantenmechanik, die Informationserhaltung fordert.

Das Informationsparadoxon besteht also darin, dass die Quantenmechanik die Erhaltung von Information postuliert, während die Allgemeine Relativitätstheorie besagt, dass Information, die einmal in einem Schwarzen Loch verschwunden ist, nicht wieder auftauchen kann. Dieses Paradoxon ist eine offene Frage in der theoretischen Physik und hat zu verschiedenen Hypothesen und Theorien geführt, wie der Hawking-Strahlung und dem Konzept von Feuermauern um Schwarze Löcher.

# UNBEANTWORTETE FRAGEN

Die Geheimnisse rund um Schwarze Löcher haben die wissenschaftliche Gemeinschaft zu zahlreichen Theorien und Forschungsansätzen inspiriert. Werfen wir einen Blick auf einige aktuelle Theorien und die noch offenen Fragen, die das Verständnis dieser mysteriösen Objekte umgeben.

## Quanteninformationserhaltung

Die Diskrepanz zwischen den Prinzipien der Quantenmechanik und der Allgemeinen Relativitätstheorie[23] im Kontext des Informationsparadoxons bleibt ein zentrales Forschungsgebiet innerhalb der theoretischen Physik. Forscher setzen ihre Bemühungen fort, Modelle zu entwickeln, die eine konsistente Erklärung für das Schicksal von Informationen liefern, die in einem Schwarzen Loch verschwinden.

Die Quanteninformationserhaltung, die in der Quantenmechanik als fundamental betrachtet wird, scheint mit den scheinbar alles verschlingenden Eigenschaften von Schwarzen Löchern in Konflikt zu stehen. Verschiedene Ansätze, darunter Ideen aus der Quantengravitation und der Stringtheorie, werden erforscht, um eine Lösung für dieses Paradoxon zu finden und die grundlegenden Prinzipien der Physik in extremen Gravitationsfeldern besser zu verstehen.

## Schwarze Löcher und Dunkle Materie

Die Verbindung zwischen Schwarzen Löchern und dunkler Materie, einer rätselhaften Komponente des Universums, ist Gegenstand aktueller Hypothesen und intensiver Forschung. Während Dunkle Materie bisher nur indirekt durch ihre gravitative Wechselwirkung nachgewiesen wurde, stellt sich die Frage, ob Schwarze Löcher eine Rolle in ihrer Bildung oder Verteilung spielen könnten. Einige Theorien postulieren, dass Schwarze Löcher, insbesondere in den frühen Phasen des

---

[23] Einsteins Theorie der Gravitation, die beschreibt, wie Massen die Raumzeit krümmen, was wiederum die Bewegung von Massen beeinflusst.

Universums, eine wichtige Rolle bei der Aggregation von dunkler Materie gespielt haben könnten.

Dieser Forschungsaspekt befindet sich jedoch noch in einem frühen Stadium. Wissenschaftler setzen ihre Bemühungen fort, die komplexe Wechselwirkung zwischen Schwarzen Löchern und dunkler Materie zu enträtseln.

## Neue Theorien der Schwerkraft

Einige Wissenschaftler erforschen alternative Modelle der Schwerkraft, um Phänomene in der Nähe von Schwarzen Löchern besser zu erklären. Diese Modelle könnten dazu beitragen, die scheinbaren Unvereinbarkeiten zwischen Quantenmechanik und Gravitation zu überbrücken. Die Suche nach einer einheitlichen Theorie, die beide fundamentalen Konzepte miteinander verbindet, bleibt eine der größten Herausforderungen in der modernen Physik.

Neue Ansätze, etwa die Quantengravitation, versuchen, die Quanteneffekte[24] in die Allgemeine Relativitätstheorie zu integrieren und so einen umfassenderen Blick auf die Natur der Gravitation zu ermöglichen.

Es bleibt spannend zu verfolgen, wie diese theoretischen Entwicklungen unser Verständnis von Schwarzen Löchern und der fundamentalen Physik des Universums erweitern werden.

---

[24] Phänomene auf mikroskopischer Ebene, die durch die Gesetze der Quantenmechanik bestimmt werden, wie Unschärfe, Verschränkung und Wellen-Teilchen-Dualität.

## Unbeantwortete Fragen

Im schier endlosen Kosmos verbergen sich einige der größten Rätsel – und Schwarze Löcher stehen dabei im Mittelpunkt dieser faszinierenden Mysterien. Werfen wir einen Blick auf die brennendsten Fragen, die die Köpfe etlicher Astrophysiker zum Rauchen bringen.

- **Wie genau entstehen supermassive schwarze Löcher?**

Die Geburt von supermassiven Schwarzen Löchern ist ein galaktisches Schauspiel, das noch immer viele Geheimnisse birgt. Wissenschaftler fragen sich, wie diese gigantischen Gravitationsmonster entstehen und welche Verbindung sie mit der Entwicklung von Galaxien haben. Ist es ein kosmischer Kochprozess, der diese Schwerkraftgiganten hervorbringt und wenn ja, welche Rezepte sind dabei im Spiel?

- **Gibt es eine grundlegende Verbindung zwischen Quantenmechanik und Gravitation, die das Informationsparadoxon auflösen könnte?**

Das Informationsparadoxon um Schwarze Löcher wirft Fragen auf, die die Grenzen unseres Verständnisses von Quantenmechanik und Gravitation herausfordern. Können diese scheinbar unvereinbaren Prinzipien miteinander tanzen und uns den Schlüssel zur Entschlüsselung des Paradoxons bieten? Vielleicht verbergen sich die Antworten in den geheimnisvollen Tiefen der Quantenkosmologie.

- **Wie interagieren Schwarze Löcher mit dunkler Materie und welche Auswirkungen haben sie auf die Struktur des Universums?**

Dunkle Materie, die unsichtbare Architektin des Universums, trifft auf die unsichtbaren Schlund Schwarzer Löcher. Doch wie gestaltet sich diese mystische Verbindung? Beeinflussen Schwarze Löcher die Verteilung von dunkler Materie und könnten sie Schlüsselakteure in der Strukturierung des Weltraums sein? Ein kosmisches Rätsel, das die Grundfesten unserer kosmologischen Vorstellungen erschüttern könnte.

# EIN DUNKLES VERMÄCHTNIS

Schwarze Löcher fordern die Grenzen unseres kosmischen Verständnisses heraus und hinterlassen ein tiefes Vermächtnis in der Kosmologie. Ihr dunkler Einfluss erstreckt sich weit über ihre sichtbaren Ereignishorizonte hinaus und prägt die Art und Weise, wie wir das Universum verstehen.

## Architekten der Galaxien

Die massive Präsenz supermassiver Schwarzer Löcher im Zentrum der Galaxien hat einen starken Einfluss auf die kosmische Architektur. Als Architekten der Galaxien formen sie die Entwicklung von Sternen und Gas innerhalb der Galaxie. Die Wechselwirkungen zwischen diesen gravitativen Giganten und den umliegenden Himmelskörpern sind von entscheidender Bedeutung für das Verständnis der Entstehung und Evolution von Galaxien.

Durch ihre massive Anziehungskraft agieren supermassive schwarze Löcher als Schwerkraftzentren, um die sich die Sterne in der Galaxie bewegen. Dieses komplexe Tanzspiel aus Gravitation und Bewegung beeinflusst die Sternenverteilung sowie die Geschwindigkeiten und Bahnen der Sterne innerhalb der Galaxie. Die Dynamik, die von diesem zentralen Gravitationsmonster orchestriert wird, nimmt eine entscheidende Rolle bei der Stabilität und Struktur der Galaxien ein.

Ferner stehen supermassive schwarze Löcher in enger Verbindung zur Sternentstehung. Ihre energetischen Prozesse, insbesondere während Phasen der Akkretion von Materie, können die Umgebung aufheizen und beeinflussen, was wiederum die Entstehung neuer Sterne beeinflusst. Dieser Zusammenhang zwischen Schwarzen Löchern und Sternenbildung wirft ein Licht auf die komplexen, miteinander verflochtenen Mechanismen, die das Galaxienleben gestalten.

So zeigen die supermassiven Schwarzen Löcher im Zentrum von Galaxien, dass ihre Existenz nicht isoliert betrachtet werden kann. Vielmehr sind sie maßgebliche Akteure in einem komplexen kosmischen Drama, das die Galaxienlandschaft gestaltet und unser Verständnis von der Entstehung und Entwicklung des Universums vertieft.

## Zeitreisen im Kosmos

Stell dir vor, du bist Kapitän eines futuristischen Raumschiffs, das sich mutig auf eine Mission zum Rand des Universums begibt. Mit deiner Crew entscheidest du dich, ein Schwarzes Loch genauer zu untersuchen. Die Raumkrümmung um Schwarze Löcher ist bekannt für ihre einzigartigen Effekte auf Zeit und Raum.

Während du mit deinem Raumschiff näher an das Schwarze Loch heranfliegst, bleibt deine Borduhr standhaft und tickt wie gewohnt. Doch hier kommt der Clou: Auf der Erde, wo ihr gestartet seid, vergeht die Zeit in einem rasanten Tempo. Es ist, als hätte das Schwarze Loch einen eigenen Zeitbeschleuniger eingebaut – ein kosmischer Jungbrunnen ohne Anti-Aging-Cremes, der die Zeit für die Erdbewohner im Handumdrehen verstreichen lässt.

Für dich und deine Crew fühlt es sich an, als würdet ihr in einer Zeitblase schweben, während ihr euch dem Schwarzen Loch nähert. Die Aussicht aus dem Fenster eines Raumschiffes wird surreal und die Zeit scheint sich auf magische Weise zu dehnen. Ihr seid Zeugen eines kosmischen Schauspiels, bei dem die Raumkrümmung des Schwarzen Lochs die Regeln der Zeit außer Kraft setzt.

Dieses atemberaubende Beispiel verdeutlicht, wie Schwarze Löcher nicht nur die Raumzeit verbiegen, sondern die Vorstellung von Zeitreisen zu einem interstellaren Abenteuer machen.

## Schwerkraftlinsen und Fernblicke

Schwarze Löcher spielen gerne mit Licht. Sie sind die Meister des Universums im Lichtkrümmen, als würden sie sagen: »Schau mal, wie ich das mache«. Diese Schwerkraft-Zauberer agieren als kosmische Linsen, verbiegen das Licht von fernen Welten und enthüllen uns eine verblüffende Sicht auf Galaxien und Quasare, die sonst im Schatten der Dunkelheit verweilen würden.

Es ist, als ob Schwarze Löcher ihr eigenes intergalaktisches Kunststudio betreiben, wo sie mit den Farben des Lichts jonglieren. Diese Gravitationslinsen sind ihre Leinwände, auf denen sie uns ein beeindruckendes Gemälde des Universums präsentieren. Durch ihre beeindruckende Kunst des Lichtbiegens ermöglichen sie uns einen Blick in die entlegensten Ecken des Weltraums, wo Galaxien in einem kaleidoskopischen Tanz miteinander verschmelzen.

Während wir diese galaktischen Kunstwerke bewundern, sollten wir den Schwarzen Löchern danken, dass sie das Licht zu ihrem Spielzeug machen und uns so die Geheimnisse des Universums enthüllen. Es ist, als würden sie uns zuflüstern: »Schaut her, selbst im Dunkelsten gibt es noch so viel zu entdecken und zu bewundern«. Schwarze Löcher als kunstvolle Lichtverzerrer – wer hätte gedacht, dass im Universum ein so spektakuläres Lichtspiel stattfindet?

# DIE PHYSIKALISCHE NATUR DES UNIVERSUMS

In der Unendlichkeit des Universums, dort wo Sterne ihre Geschichten in funkelnden Lichtern erzählen und Galaxien im Tanz der Gravitation verschmelzen, liegt ein Geheimnis, das die Essenz der physikalischen Natur des Kosmos enthüllt. Dieses Geheimnis, von den großen Denkern der Menschheitsgeschichte erforscht und von Wissenschaftlern in Laboren und Observatorien auf der ganzen Welt vertieft, lädt uns ein zu einer Reise durch Raum und Zeit.

Es erinnert mich an eine besondere Nacht, als ich unter einem klaren Sternenhimmel stand, meine Gedanken verloren in den Weiten des Universums. Der Anblick der Sterne über mir brachte mich dazu, über die Geheimnisse der Natur nachzudenken, über die unsichtbaren Kräfte, die das Universum in einem majestätischen Gleichgewicht halten. Es war, als ob das Universum mir eine leise Einladung aussprach, die Physik, die die Fäden des Kosmos webt, zu erkunden.

Dieses Kapitel öffnet die Pforten zu den fundamentalen Prinzipien, die das Universum formen und lenken. Von den winzigen Quantenteilchen bis zu den gewaltigen Galaxien, von der Verbiegung der Raumzeit hin zu den Rätseln der Dunklen Materie, werden wir gemeinsam die Geheimnisse lüften, die das Universum zu dem machen, was es ist. Schnalle dich an, denn die Reise durch die physikalische Natur des Universums verspricht eine aufregende Entdeckung der tiefsten Mysterien, die das Gewebe der Realität formen.

# DIE GRUNDLAGEN DER PHYSIK

Die Suche nach den Bausteinen des Universums beginnt mit den grundlegenden Prinzipien der Physik, die unsere Wahrnehmung des Kosmos formen. Raum, Zeit, Materie und Energie stehen im Zentrum dieser faszinierenden Reise durch die physikalische Natur des Universums.

## Raum und Zeit

In der Allgemeinen Relativitätstheorie von *Albert Einstein* verschmelzen Raum und Zeit zu einem einzigen Geflecht, das als Raumzeit bekannt ist. Dieses dynamische Gewebe krümmt sich um massive Objekte und formt die Art und Weise, wie wir die Schwerkraft verstehen. Raum und Zeit sind nicht nur passive Hintergründe, sondern aktive Mitspieler im kosmischen Theater.

## Materie

Die sichtbare Materie, aus der Sterne, Planeten und Galaxien bestehen, ist nur die Spitze des Eisbergs. Die

Grundbausteine der Materie, wie Quarks und Elektronen, bilden Atome, die wiederum Moleküle und schließlich komplexe Strukturen im Universum erschaffen. Doch der Großteil der Materie bleibt unsichtbar als Dunkle Materie, ein Rätsel, das die Physiker weiterhin zu lösen versuchen.

## Energie

Das Konzept der Energie durchzieht das Universum auf subtile Weise. Ob als kinetische Energie, thermische Energie oder als Energie, die in den Tiefen von Sternen durch Kernfusion freigesetzt wird, sie spielt immer eine Schlüsselrolle bei der Formung und dem Erhalt unserer kosmischen Umgebung. $E=mc^2$, die berühmte Gleichung von *Einstein*, zeigt, wie Materie und Energie miteinander verwoben sind. Seine berühmte Gleichung aus der speziellen Relativitätstheorie besagt, dass Energie (E) gleich Masse (m) mal dem Quadrat der Lichtgeschwindigkeit ($c^2$) ist und zeigt die Äquivalenz von Masse und Energie.

Diese grundlegenden Bausteine sind die Grammatik, mit der das Universum seine Geschichten schreibt. Ihr Verständnis ermöglicht es uns, die komplexen Zusammenhänge der physikalischen Natur zu entschlüsseln und die Schönheit der fundamentalen Prinzipien zu erkennen, die das Universum zusammenhalten.

# QUANTENMECHANIK UND RELATIVITÄTSTHEORIE

Die Physik des Universums erforscht zwei mächtige Säulen, die Quantenmechanik und die Allgemeine Relativitätstheorie, um das Gewebe der Realität zu entwirren. Diese Theorien, die auf den ersten Blick unvereinbar erscheinen, bieten gemeinsam eine Einsicht in die Natur des Universums.

## Integration der Quantenmechanik und der Allgemeinen Relativitätstheorie

Die Welt der Quantenmechanik ist ein schillerndes Ballett, in dem winzige Teilchen auf unsichtbaren Bühnen ihre eigenwilligen Tänze aufführen. Hier gehorchen Elektronen, Photonen und andere subatomare Akteure den seltsamen Gesetzen der Wahrscheinlichkeit. Gleichzeitig, auf der kosmischen Bühne der Allgemeinen Relativitätstheorie, spielen Sterne und Galaxien eine majestätische Symphonie, dirigiert von der unsichtbaren Kraft der Gravitation.

Die Herausforderung besteht darin, diese unterschiedlichen Aufführungen in einem epischen Tanz zu vereinen. Die Quantengravitation, eine Art kosmischer Choreograf, soll harmonische Bewegungen auf mikroskopischer und makroskopischer Ebene orchestrieren. Wie der Dirigent eines phänomenalen Universums soll sie die Mechanismen enthüllen, die im unsichtbaren Kern des Kosmos wirken, wo winzige Quantenfluktuationen[25] die Geschicke von Sternen und Schwarzen Löchern beeinflussen. Es ist, als würde die Quantengravitation den Taktstock schwingen, um das Universum in einer beeindruckenden Sinfonie der physikalischen Natur zu dirigieren.

## Herausforderungen und offene Fragen

Diese Reise durch die Welt der Physik ist eine Expedition ins Unbekannte. Forscher stehen vor dem kniffligen Rätsel, wie sie die mikroskopische Welt der Quantenteilchen mit der Gravitationswelt der gigantischen kosmischen Strukturen verbinden können. In diesen Extrembereichen des Universums wird die Natur von Raum und Zeit auf eine Art und Weise geformt, die unseren gewohnten Vorstellungen trotzt.

Den Geheimnissen der Quanteninformation auf der Spur und dem Schicksal der Materie in den dunklen Abgründen von Schwarzen Löchern gewidmet, sind die Forscher auf der Suche nach einem Erkenntnisschatz, der unsere Wahrnehmung der Realität grundlegend verändern könnte. Ein tieferes Verständnis dieser Fragen wäre nicht nur ein triumphaler Moment für die Wissenschaft, sondern auch eine Einladung zu einem rauschenden Fest der Neugier für uns alle.

---

[25] Kleine, zufällige Änderungen in Energie oder Feldern auf quantenmechanischer Ebene, die im Vakuum des Raumes auftreten.

# DIE ROLLE VON SYMMETRIEN UND KONSTANTEN

In den physikalischen Prinzipien, die das Universum regieren, entfaltet sich ein Zusammenspiel von Symmetrien und Konstanten. Diese fundamentalen Bausteine der Natur geben unserem Verständnis von Raum, Zeit und Materie eine beeindruckende Struktur und Ordnung. Konstanten wie die Lichtgeschwindigkeit, das Plancksche Wirkungsquantum[26] und die Gravitationskonstante sind keine zufälligen Zahlen, sondern die grundlegenden Maßeinheiten, die den Stoff des Universums bilden.

Symmetrien, sei es in den Raumdimensionen, der zeitlichen Abfolge von Ereignissen oder den fundamentalen Kräften, verleihen der physikalischen Realität eine kohärente und elegante Struktur. Doch während diese Konstanten und Symmetrien als unverrückbare Säulen unseres physikalischen Verständnisses erscheinen, stellt sich die Frage, ob diese grundlegenden Bausteine wirklich unveränderlich sind?

Die Herausforderung für Wissenschaftler besteht darin, die Stabilität dieser Naturkonstanten im Laufe der Zeit zu erforschen. Könnten diese fundamentalen Konstanten, die wir als unveränderlich annehmen, im Laufe kosmischer Zeiträume einer Veränderung unterliegen? Die Idee, dass Naturgesetze und Konstanten sich im

---

[26] Eine fundamentale Konstante in der Quantenmechanik, symbolisiert als $h$, die die Größe von Energiequanten bestimmt, die bei atomaren und subatomaren Prozessen ausgetauscht werden.

Verlauf der Äonen wandeln könnten, ist nicht nur eine intellektuelle Neugier, sondern könnte auch tiefgreifende Auswirkungen auf unser Verständnis der grundlegenden Stabilität des Universums haben.

Es ist, als ob wir in das geheimnisvolle Uhrwerk des Kosmos blicken, wo die feinen Zahnradverbindungen von Konstanten und Symmetrien die grundlegenden Gesetze des Universums formen. Die Ergründung dieser Fragen führt uns in die tiefsten Schichten der theoretischen Physik und lässt uns darüber nachdenken, ob unsere Annahmen über die Konstanz der Natur wirklich so fest gegründet sind, wie sie erscheinen. Tauchen wir ein in die spannende Welt der Konstanten und Symmetrien, wo die Grundfesten der Physik auf dem Spiel stehen und unser Verständnis des Universums in der Balance steht.

## DER URKNALL

In einem fernen Zeitalter, als Raum und Zeit noch in einem kosmischen Wunder vereint waren, geschah das Unerklärliche – der Urknall. Es war der Augenblick, in dem das Universum seinen Atemzug nahm und begann, die Symphonie der Existenz zu spielen. In einem unendlich kleinen und unglaublich dichten Punkt, einem Singularitätspunkt, der keine Ausdehnung hatte, entfalteten sich Raum, Zeit, Materie und Energie in einem epochalen Tanz.

Der Urknall markierte den Beginn unserer kosmischen Reise. In den ersten Augenblicken dehnte sich das Universum exponentiell aus, durchlebte eine Phase der Inflation, in der winzige Quantenschwankungen zu den größten kosmischen Strukturen führten. Materie formte sich, Teilchen verbanden sich zu Atomen, und Licht erfüllte den Raum. In diesem Neugeborenen-Universum entstanden die ersten Elemente: Wasserstoff, Helium und winzige Spuren von Lithium.

Mit der Zeit, in einem langsamen Tanz, formten sich diese Elemente zu den ersten Sternen und Galaxien. Die dunkle Materie, unsichtbar und dennoch prägend, beeinflusste die Struktur des Kosmos. Sterne, die in gewaltigen Explosionen endeten, verteilten ihre Schöpfungen im Raum, während Galaxienkollisionen eine kosmische Wiedergeburt einleiteten.

Und so verliefen Milliarden Jahre, bis heute. Das Universum dehnt sich weiter aus und wir reisen auf den Wellen dieser Expansion. Doch wie wird die Zukunft dieses endlosen Abenteuers aussehen? Einige Prognosen besagen, dass die Expansion sich beschleunigen könnte. Wir könnten in eine ferne Zukunft eintauchen, in der Galaxien außerhalb unseres Sichtfelds verschwinden. Oder vielleicht wird die Schwerkraft die Expansion verlangsamen, bis das Universum in einem Big Freeze endet.

Die Evolution des Universums, von seinen Urzeiten bis zu den entfernten Äonen, ist eine Geschichte voller Wunder und Mysterien. Sie entfaltet sich vor unseren Augen, während wir in der endlosen Weite des Raumes treiben, inmitten von Sternen, Galaxien und den unendlichen Möglichkeiten des Universums.

# DIE GROßE VEREINHEITLICHTE THEORIE (GUT)

In der physikalischen Forschung streben Wissenschaftler nach einem heiligen Gral, einer Idee, die die Fäden des Universums in eine einzige harmonische Melodie webt. Diese Suche führt uns zu der Idee der *großen vvereinheitlichten Theorie (GUT)*, einem Rahmenwerk, das die Kräfte und Bestandteile des Universums auf mikroskopischer Ebene in einem kohärenten Bild vereint.

Die grundlegenden Kräfte, die die Natur lenken, sind gegenwärtig durch zwei Theorien beschrieben und haben wir in diesem Buch bereits kennengelernt: die Quantenmechanik, die das Verhalten von Teilchen auf kleinsten Skalen erklärt und die Allgemeine Relativitätstheorie, die die Gravitation als Krümmung von Raum und Zeit interpretiert. Diese beiden Säulen der modernen Physik, obwohl enorm erfolgreich, stehen in einem subtilen Konflikt, wenn es darum geht, die mikroskopische Welt der Quanten und die makroskopische Welt der Gravitation zu erklären.

Die Suche nach einer *GUT* ist daher eine Reise, um die Brücken zwischen diesen beiden Welten zu bauen. Forscher hoffen darauf, eine einzige, umfassende Theorie zu finden, die die Kräfte der Quantenwelt und der Gravitation in einem einzigen mathematischen Rahmen vereint. Solch eine Theorie könnte uns ermöglichen, Phänomene zu verstehen, die sowohl auf subatomarer als auch auf kosmischer Ebene auftreten.

Jedoch ist der Weg zu einer *GUT* von Herausforderungen gepflastert. Der Konflikt zwischen Quantenmechanik und Gravitation ist nicht leicht zu überwinden und eine endgültige Theorie bleibt noch in den Tiefen der wissenschaftlichen Fantasie verborgen. Einige Ansätze, wie die Stringtheorie, versuchen, diese Lücke zu überbrücken, indem sie die Natur der fundamentalen Bausteine des Universums in schwingenden Saiten sehen.

Die Suche nach einer *GUT* bleibt eine der faszinierendsten Expeditionen in der modernen Physik und die Wissenschaftler hoffen darauf, dass sie uns eines Tages die Schlüssel zu den tiefsten Geheimnissen des Universums liefern wird. In diesem Bestreben streben sie nach einem tieferen Verständnis der Naturgesetze, die das Gewebe des Kosmos zusammenhalten.

## DIE BEDEUTUNG DER PHYSIKALISCHEN GESETZE

Das Universum, wie wir es kennen, scheint von einer unglaublichen Präzision und Feinabstimmung durchzogen zu sein, die das Leben auf der Erde erst ermöglichen. Die grundlegenden physikalischen Konstanten und Bedingungen, von der Gravitationskonstanten bis zur Stärke elektromagnetischer Kräfte, erscheinen geradezu maßgeschneidert, um die Existenz von Leben zu unterstützen.

Die sogenannte Feinabstimmung des Universums hat die Aufmerksamkeit von Wissenschaftlern auf sich gezogen, die sich fragen, ob dies ein zufälliges Ergebnis oder ein tieferer Sinn des Universums ist. Die kleinsten Veränderungen in den Naturkonstanten könnten zu einem völlig anderen Universum führen, in dem Leben, wie wir es kennen, nicht existieren könnte.

Ein klares Beispiel für diese Feinabstimmung ist die Balance zwischen der Gravitationskraft und der Expansion des Universums. Eine geringfügige Änderung dieser Kräfte hätte dramatische Auswirkungen auf die Entwicklung von Sternen, Galaxien und letztlich auf das Leben selbst. Dies wirft die Frage auf, ob unser Universum das Ergebnis einer kosmischen Planung oder einfach der Glückstreffer in einem Multiversum von möglichen Realitäten ist.

Die Suche nach Antworten auf diese Fragen führt zu tiefgreifenden Überlegungen darüber, wie die physikalischen Gesetze des Universums mit dem Konzept der Lebensfreundlichkeit verbunden sind. Es regt dazu an, die Bedeutung unseres Platzes im Kosmos zu reflektieren und unsere eigene Existenz im Kontext der kosmischen Gegebenheiten zu verstehen.

Die Entdeckung von Exoplaneten in lebensfreundlichen Zonen anderer Sterne hat die Möglichkeit von Leben außerhalb der Erde noch fesselnder gemacht. Die Vielfalt der Galaxien, Sternsysteme und Planeten erweitert den Horizont unserer Überlegungen über die potenzielle Verbreitung des Lebens im Universum.

Die Bedeutung der physikalischen Gesetze für das Leben im Universum bleibt somit eine faszinierende Untersuchung, die nicht nur unsere wissenschaftliche Neugier weckt, sondern auch tiefgehende philosophische Fragen nach dem Ursprung und dem Zweck des Lebens im Kosmos aufwirft.

# AUF DEN SPUREN DER GRAVITATIONS- WELLEN

In den frühen Stunden eines Morgens im Jahr 1915, inmitten des Stimmengewirrs und der Hektik Berlins, schrieb *Albert Einstein* Geschichte, ohne dass die Welt es sofort bemerkte. Er hatte soeben die Grundlage für eine der bemerkenswertesten Vorhersagen in der Physik gelegt – die Existenz von Gravitationswellen. Diese Vorhersage, ein Nebenprodukt seiner Allgemeinen Relativitätstheorie, war so revolutionär, dass *Einstein* selbst ihre direkte Entdeckung kaum für möglich hielt.

Gravitationswellen waren eine kühne Behauptung über die fundamentale Natur des Universums. *Einstein* stellte sich Raum und Zeit nicht als leere Bühne vor, auf der sich das kosmische Schauspiel abspielt, sondern als dynamisches Gewebe, das durch massive Objekte verzerrt und gewellt werden kann. Doch fast ein Jahrhundert lang blieben Gravitationswellen ein theoretisches Konstrukt, ungreifbar und unbestätigt.

Die Bestätigung kam jedoch im September 2015 – genau 100 Jahre nach *Einsteins* bahnbrechender Arbeit. Das *LIGO* (Laser Interferometer Gravitational-Wave Observatory) erfasste zum ersten Mal winzige Erschütterungen in der Struktur der Raumzeit, erzeugt durch die Kollision zweier Schwarzer Löcher, Milliarden Lichtjahre entfernt. Dies war eine triumphale Bestätigung von *Einsteins* Theorie und der Beginn einer neuen Ära der Astronomie.

## | WAS SIND GRAVITATIONSWELLEN?

Gravitationswellen sind eine der bahnbrechendsten Vorhersagen der Allgemeinen Relativitätstheorie, die *Albert Einstein* 1915 formulierte. Diese unsichtbaren Wellen sind Verzerrungen oder Wellen in der Raumzeit, verursacht durch einige der gewaltigsten und energiereichsten Prozesse im Universum. Wenn massive Objekte wie schwarze Löcher oder Neutronensterne miteinander interagieren, insbesondere bei Ereignissen wie Kollisionen oder Verschmelzungen, senden sie Gravitationswellen aus, die sich mit Lichtgeschwindigkeit durch das Universum ausbreiten.

Diese Wellen sind räumliche Verzerrungen. Sie strecken und stauchen die Raumzeit in winzigen, aber messbaren Beträgen. Interessanterweise haben Gravitationswellen selbst keinen materiellen Inhalt, denn sie tragen Energie, aber keine Masse. Sie sind außerdem enorm schwer zu entdecken, da ihre Auswirkungen extrem subtil sind und erst über astronomische Entfernungen hinweg merklich werden.

Die Bedeutung von Gravitationswellen kann kaum überschätzt werden. Ihre Entdeckung bestätigte nicht nur *Einsteins* Theorie, sondern eröffnete einen ganz neuen Bereich innerhalb der Astronomie. Sie ermöglichen es uns, Ereignisse zu beobachten, die auf keine andere Weise sichtbar wären – wie die Kollision von Schwarzen Löchern – und bieten einzigartige Einblicke in die Eigenschaften dieser extremen Objekte. Gravitationswellen tragen Informationen über ihre Ursprungsereignisse, die uns helfen, die grundlegenden Gesetze des Universums besser zu verstehen.

Bis zur ersten direkten Messung von Gravitationswellen im Jahr 2015 durch *LIGO* blieben sie lediglich ein theoretisches Konzept. Die Herausforderung bei ihrer Entdeckung liegt in ihrer Schwäche – die Verzerrungen, die sie in der Raumzeit verursachen, sind unglaublich klein. Es erforderte den Bau von extrem empfindlichen Instrumenten und jahrzehntelanger Forschung und Entwicklung, um diese winzigen Signale aus dem kosmischen Rauschen herauszufiltern.

## ENTSTEHUNG DER GRAVITATIONSWELLEN

Die Entstehung von Gravitationswellen ist ein Phänomen von kosmischer Bedeutung, das eng mit den fundamentalen Kräften und Ereignissen im Universum verbunden ist. Diese wellenartigen Verzerrungen der Raumzeit sind ein direktes Produkt der mächtigsten und dynamischsten Prozesse im Weltraum und bieten uns einzigartige Einblicke in die Arbeitsweise des Kosmos.

## Astrophysikalische Ereignisse

Gravitationswellen entstehen durch extrem energiereiche Ereignisse im Universum. Stell dir vor, zwei gigantische Tänzer – schwarze Löcher oder Neutronensterne – wirbeln umeinander herum. Mit zunehmender Annäherung und Geschwindigkeit erzeugen ihre massiven Körper Wellen in der Raumzeit. Diese Wellen sind vergleichbar mit den Wellen, die entstehen, wenn ein Stein in einen stillen Teich geworfen wird, nur dass in diesem Fall der Teich die Struktur des Raumes und der Zeit selbst ist.

Diese kosmischen Tänzer führen eine intensive Choreografie auf, die das Universum buchstäblich in Schwingung versetzt. In den Momenten, in denen sie am nächsten zueinander sind, erreicht ihre Tanzleistung ihren Höhepunkt. Die dabei freigesetzte Energie ist so immens, dass sie als Gravitationswellen durch die Raumzeit rast. Diese Wellen breiten sich in alle Richtungen aus, ähnlich den Kreisen, die sich auf der Wasseroberfläche ausbreiten, wenn ein Stein hineingeworfen wird. Doch anders als Wasserwellen, die letztlich an Energie verlieren und verschwinden, können Gravitationswellen über unglaublich weite Strecken reisen, ohne signifikant an Stärke zu verlieren. So durchqueren sie das Universum, tragen mit sich die Geschichten der Ereignisse, die sie erzeugt haben und bieten uns einen ganz neuen Weg, um die verborgenen Geheimnisse des Kosmos zu erkunden.

## Raumzeit und ihre Verzerrung

Die Raumzeit, das vierdimensionale Gewebe, das das Universum bildet, kann durch massereiche Objekte verzerrt werden. Ähnlich wie eine Gummimatte sich unter dem Gewicht eines schweren Balls verformt, wird die Raumzeit durch die Masse von Objekten wie Sternen und Planeten verzerrt. Wenn sich diese Objekte bewegen oder interagieren, senden sie Wellen durch diese Matte, die sich über große Entfernungen hinweg ausbreiten. Diese Wellen sind Gravitationswellen.

Nehmen wir an, die Raumzeit ist ein riesiges, elastisches Netz, das das gesamte Universum durchzieht. Wenn massive Objekte wie schwarze Löcher sich darin bewegen, verursachen sie Wellen, die sich durch dieses Netz bewegen – ähnlich wie Wellen, die durch ein gespanntes Tuch ziehen, wenn man darauf springt. Diese Wellen, die sich mit der Geschwindigkeit des Lichts ausbreiten, sind die Gravitationswellen. Sie sind nicht nur ein Zeugnis der Bewegung dieser massiven Objekte, sondern erzählen von der Veränderung und Dynamik der Raumzeit. Diese subtilen Wellen tragen Informationen über ihre Quellen und die Eigenschaften der Raumzeit, wodurch sie als mächtiges Werkzeug in der Erforschung des Universums dienen. Ihre Detektion und Analyse ermöglicht es uns, Einblicke in Ereignisse zu gewinnen, die sonst verborgen bleiben würden und bringt uns den Geheimnissen des Kosmos ein Stück näher.

## Die Rolle der Massen und Geschwindigkeiten

Die Intensität und Eigenschaften der Gravitationswellen hängen von der Masse und der Geschwindigkeit der sie erzeugenden Objekte ab. Je massiver und schneller sich die Objekte bewegen, desto stärkere Wellen erzeugen sie. Wenn zwei Schwarze Löcher kollidieren, ist das so, als würde ein riesiger Felsblock in unseren kosmischen Teich geworfen – die resultierenden Wellen sind stark genug, um selbst über Milliarden von Lichtjahren hinweg detektiert zu werden.

Diese monumentalen Kollisionen setzen enorme Energiemengen frei, vergleichbar mit der Explosion von Milliarden Sternen. Die dabei entstehenden Gravitationswellen sind Ausdruck dieser gigantischen Energie, die buchstäblich das Gewebe des Universums erschüttert. Stellen wir uns diese Wellen als kosmische Echos vor, die von den extremen Ereignissen im Universum zeugen. Sie reisen durch die Raumzeit und überwinden dabei unvorstellbare Distanzen, ohne dabei viel von ihrer Energie zu verlieren. Diese Eigenschaft macht Gravitationswellen zu einem besonders wertvollen Werkzeug für Astronomen, um Ereignisse zu studieren, die sonst außerhalb unserer Beobachtungsmöglichkeiten liegen würden.

Das beeindruckende an Gravitationswellen ist, dass sie uns Informationen über Phänomene liefern können, die durch keine andere Form der astronomischen Beobachtung erfasst werden können. Sie erlauben uns, in die dunkelsten und am stärksten verborgenen Winkel des Universums zu blicken – Bereiche, in denen Licht nicht entkommen kann, wie die Umgebung von Schwarzen Löchern. Dadurch eröffnen sie ein einzigartiges Fenster, durch das wir die Geheimnisse des Universums weiter entschlüsseln können.

## Die Detektion dieser subtilen Wellen

Obwohl Gravitationswellen über immense Entfernungen reisen, erzeugen sie oft nur schwache Signale. Die Herausforderung besteht darin, diese feinen Wellen in der Raumzeit zu erfassen, ähnlich wie es wäre, den sanften Luftzug eines vorbeifliegenden Vogels auf der Haut inmitten eines Sturms zu spüren. Dies erfordert Instrumente von unglaublicher Präzision und Empfindlichkeit.

Die Detektoren, die für diese Aufgabe entwickelt wurden, sind wahre Meisterwerke der Ingenieurskunst. Sie müssen in der Lage sein, Veränderungen zu messen, die tausendfach kleiner sind als der Durchmesser eines Protons. Diese hohe Sensibilität ist notwendig, da die Auswirkungen der Gravitationswellen, wenn sie die Erde erreichen, extrem schwach sind. Um diese subtilen Wellen zu erfassen, nutzen Wissenschaftler riesige Laserinterferometer wie *LIGO* und *Virgo*, die mit hochpräzisen Lasern und Spiegeln ausgestattet sind. Diese Instrumente können Veränderungen in der Raumzeit aufspüren, indem sie die Zeit messen, die Laserstrahlen benötigen, um zwischen zwei Punkten hin und her zu reisen.

Die Technologie hinter diesen Observatorien ist faszinierend. Trotz der winzigen Größe der Signale, die sie aufspüren, haben diese Detektoren die Fähigkeit, uns tiefgreifende Einblicke in Ereignisse zu geben, die Milliarden Lichtjahre entfernt stattfinden. Mit jedem aufgezeichneten Gravitationswellenereignis sammeln wir wertvolle Daten, die das Verständnis des Universums erweitern und uns Antworten auf einige der grundlegendsten Fragen der Physik liefern.

# EIN NEUES FENSTER INS UNIVERSUM

Die Entdeckung und Erforschung von Gravitationswellen hat die Astronomie revolutioniert, indem sie ein völlig neues Fenster zum Universum öffnete. Diese Wellen bieten uns eine einzigartige Perspektive auf kosmische Ereignisse und Objekte, die auf andere Weise nicht zugänglich wären.

## Die Einzigartigkeit der Gravitationswellen

Gravitationswellen tragen Informationen, die sich grundlegend von denen unterscheiden, die wir durch traditionelle astronomische Methoden, wie das Beobachten von elektromagnetischer Strahlung (Licht, Radiowellen, Röntgenstrahlen), erhalten. Während elektromagnetische Wellen uns Bilder und Spektren von Sternen, Galaxien und anderen Objekten liefern, bieten Gravitationswellen Einblicke in die Bewegungen und Veränderungen der Raumzeit. Sie ermöglichen uns, Ereignisse wie die Kollision von schwarzen Löchern, die Explosion von Supernovae oder die frühen Momente des Universums in einer völlig neuen Art zu sehen.

## Das Unbeobachtbare

Viele der durch Gravitationswellen erforschten Phänomene sind für elektromagnetische Teleskope unsichtbar. So sind schwarze Löcher und Neutronensterne oft von Gas- und Staubwolken umgeben, die ihr Licht absorbieren oder streuen. Gravitationswellen hingegen werden durch diese Materie nicht beeinträchtigt und liefern daher direkte Informationen über die Dynamik solcher Objekte und Ereignisse.

## Einblicke in die Schwarzen Löcher

Die Entdeckung von Gravitationswellen, die von kollidierenden Schwarzen Löchern erzeugt wurden, war ein Meilenstein. Schwarze Löcher können nicht direkt beobachtet werden, da sie kein Licht aussenden oder reflektieren. Gravitationswellen ermöglichen es Astronomen, die Eigenschaften dieser Schwarzen Löcher – wie ihre Masse und Rotation – zu bestimmen und ihre Entstehung und Entwicklung zu verstehen.

Dieser Durchbruch hat unser Verständnis der Schwarzen Löcher enorm erweitert. Bisher waren die Informationen über sie hauptsächlich durch die Beobachtung der Auswirkungen ihrer enormen Gravitationskräfte auf die umgebende Materie und das Licht gewonnen worden. Gravitationswellen hingegen bieten eine direkte Messung der fundamentalen Eigenschaften der Schwarzen Löcher. Sie geben Aufschluss über Aspekte wie die Energie, die bei der Verschmelzung freigesetzt wird, und die exakten Bewegungsabläufe während des Ereignisses. Dies ist vergleichbar mit dem Hören der tiefen Töne eines weit entfernten, unsichtbaren Orchesters, wobei jeder Ton wichtige Informationen über die Quelle der Musik liefert.

## Blick in die Vergangenheit

Gravitationswellen tragen das Potenzial, Licht auf die Bedingungen im frühen Universum zu werfen, kurz nach dem Urknall. Während die elektromagnetische Strahlung aus dieser Ära durch verschiedene Prozesse im frühen Universum verzerrt wurde, könnten Gravitationswellen direkte und unveränderte Informationen aus dieser Zeit liefern. Nun stellen wir uns vor, wir hätten die Fähigkeit, in die allerersten Momente des Universums hineinzuhorchen, in eine Zeit, die bisher jenseits unserer Reichweite lag. Dies ist kein geringes Unterfangen – es ist, als würden wir direkt in die Wiege der Zeit blicken, in eine Ära, die von Geheimnissen und Wundern umhüllt ist.

Die Beobachtung von Gravitationswellen aus dem frühen Universum könnte uns unmittelbare Erkenntnisse über die Entstehung der ersten Strukturen im Kosmos, über die Natur der Dunklen Materie und über die Entwicklung des Universums bieten. Es ist, als würden wir ein uraltes Buch aufschlagen, das die Ursprünge unserer Existenz enthüllt. Jede Welle, die wir erfassen, ist wie eine Seite aus diesem Buch, voller Geschichten und Informationen, die darauf warten, entziffert zu werden.

Die Vorstellung, dass wir durch Gravitationswellen direkten Zugang zu den Begebenheiten des frühen Universums haben könnten, ist aufregend und revolutionär. Es öffnet ein Fenster zu einer Zeit, die für traditionelle Astronomie unerreichbar ist. Diese Wellen sind Botschaften, die über die unfassbaren Weiten der Raumzeit zu uns reisen, um uns die Geheimnisse der kosmischen Morgenröte zu enthüllen.

So würde die Entdeckung von Gravitationswellen aus dem frühen Universum zu neuen und bahnbrechenden Theorien in der Physik führen. Dies ist die Art von Forschung, die die Grenzen unseres Wissens erweitert und uns tiefere Einblicke in das Wesen des Universums und unserer eigenen Existenz ermöglicht. Die Aussicht darauf, solche Entdeckungen zu machen, füllt uns mit Staunen und Begeisterung über das, was noch kommen mag.

## WUSSTEST DU SCHON?

Bewegt sich ein Objekt fast so schnell wie das Licht, vergeht für dieses Objekt die Zeit langsamer.

# EXOPLANETEN UND DIE SUCHE NACH LEBEN

Stell dir einen kalten, klaren Herbstabend im Jahr 1995 vor. In einem kleinen Observatorium, versteckt in den Schweizer Alpen, blicken zwei Astronomen, *Michel Mayor* und *Didier Queloz*, in den sternenklaren Himmel. Mit nichts weiter als ihrer Leidenschaft für das Unbekannte und einem Teleskop, das gerade so fortschrittlich genug ist, brechen sie auf eine Reise in die unbekannten Weiten des Universums auf.

Was sie entdecken, ist nichts Geringeres als eine Revolution in unserem Verständnis für den Kosmos – den ersten Exoplaneten, der einen sonnenähnlichen Stern umkreist – *51 Pegasi b*. Diese Entdeckung war so überraschend, dass sie anfangs kaum zu glauben war. Ein riesiger, gasförmiger Planet, der seinen Stern in nur wenigen Tagen umkreist? Das stand im kompletten Gegensatz zu allem, was wir über Planetensysteme zu wissen glaubten.

Dieser Moment markiert den Beginn einer neuen Ära in der Astronomie und läutet eine nie dagewesene Suche ein – die Suche nach Leben außerhalb unseres Sonnensystems. Seitdem haben wir tausende von Exoplaneten entdeckt, von felsigen Welten, die unserer Erde ähneln, hin zu seltsamen, neuen Welten, die unsere wildesten Vorstellungen übersteigen.

In diesem Kapitel begeben wir uns auf eine Entdeckungsreise in das Reich der Exoplaneten. Gemeinsam erforschen wir, mit welchen Methoden Astronomen diese entlegenen Planeten aufstöbern, welche Erkenntnisse wir aus ihren Entdeckungen über das Universum gewinnen können und inwiefern die Jagd nach außerirdischem Leben nicht nur die wissenschaftlichen Horizonte, auch die Grenzen unserer eigenen Vorstellungskraft erweitert. Mach dich bereit für eine abenteuerliche Expedition zu den Sternen, in einer Welt, in der die Möglichkeiten unbegrenzt und die Antworten oft so geheimnisvoll sind wie die Fragen, die uns ins All treiben.

## DEFINITION UND ENTDECKUNG

Was genau sind Exoplaneten? Nun, das Wort *Exoplanet* setzt sich aus »extra« und »Planet« zusammen, was buchstäblich »außerhalb des Planeten« bedeutet. Exoplaneten sind also Planeten, die außerhalb unseres eigenen Sonnensystems existieren. Sie umkreisen andere Sterne und gehören nicht zu unserem solaren Familienkreis. Diese fernen Welten, die von gasigen Riesen bis zu erdähnlichen Felsplaneten reichen, erweitern unser Verständnis davon, was ein Planet sein kann und wie er entsteht.

## Die ersten Entdeckungen

Die Entdeckung von Exoplaneten ist ein relativ junges Phänomen in der Astronomie. Lange Zeit waren sie lediglich eine theoretische Möglichkeit. Das änderte sich 1992, als die ersten Exoplaneten um einen Pulsar, eine Art toter Stern, entdeckt wurden. Diese Entdeckung war bahnbrechend, aber es waren die Planeten um sonnenähnliche Sterne, die letztlich unsere Vorstellung anderer Welten anregten.

Der Durchbruch kam 1995 mit der Entdeckung des ersten Exoplaneten, der einen sonnenähnlichen Stern umkreist - *51 Pegasi b*. Dieser Planet, der von den bereits erwähnten Schweizer Astronomen entdeckt wurde, war ein sogenannter Hot Jupiter – ein gasförmiger Riese, der seinem Stern sehr nahe ist. Diese Entdeckung war so spektakulär, dass sie die Türen zu einer neuen Ära der Exoplanetenforschung öffnete.

## Die Bedeutung der Entdeckung

Die Entdeckung von Exoplaneten hat unsere Sicht auf das Universum grundlegend verändert. Es hat die einmalige Vorstellung, dass unser Sonnensystem einzigartig ist, herausgefordert und uns gezeigt, dass Planeten weitverbreitet sind. Mit Tausenden von entdeckten Exoplaneten, von denen einige in der bewohnbaren Zone ihrer Sterne liegen, wo die Bedingungen für flüssiges Wasser und möglicherweise Leben existieren könnten, hat sich ein ganz neues Forschungsfeld eröffnet.

# ERKENNUNGSMETHODEN

Die Erforschung von Exoplaneten hat in den vergangenen Jahrzehnten enorme Fortschritte gemacht, insbesondere dank der Entwicklung verschiedener Methoden zur Erkennung dieser entfernten Welten. Jede Methode nutzt unterschiedliche astronomische Phänomene, um die Existenz und Eigenschaften von Exoplaneten zu enthüllen.

## Radialgeschwindigkeitsmethode

Die Radialgeschwindigkeitsmethode, auch Doppler-Spektroskopie genannt, basiert auf dem Nachweis von Veränderungen in der Bewegung eines Sterns, verursacht durch die Gravitationskraft eines umkreisenden Planeten. Wenn ein Planet einen Stern umkreist, bewegt sich der Stern in einer kleinen, aber messbaren Weise. Diese Bewegung führt zu einer Verschiebung in den Spektrallinien des Sterns aufgrund des Dopplereffekts – eine Änderung der Wellenlänge des Lichts in Abhängigkeit von der Bewegung des Lichtquellenobjekts. Diese Methode hat viele der frühen Exoplanetenentdeckungen ermöglicht, insbesondere größere Planeten, die stärkere gravitative Effekte auf ihre Sterne ausüben.

## Transitmethode

Eine andere weitverbreitete Methode ist die Transitmethode, die auf der Beobachtung von Helligkeitsänderungen eines Sterns basiert, wenn ein Planet vor ihm vorbeizieht oder transitiert. Während eines solchen Transits wird ein kleiner Teil des Sternenlichts durch den Planeten blockiert, was zu einer geringfügigen, aber erkennbaren Verdunkelung des Sterns führt. Diese Methode eignet sich besonders gut zur Bestimmung der Größe eines Exoplaneten und hat durch Missionen wie das *Kepler-Weltraumteleskop* zur Entdeckung Tausender Exoplaneten geführt.

## Direkte Beobachtung

Die direkte Beobachtung von Exoplaneten ist extrem schwierig, da die Planeten in der Regel viel schwächer leuchten als ihre Sterne und oft von deren hellem Licht überstrahlt werden. Die Entwicklung fortschrittlicher Techniken, wie der adaptiven Optik und spezieller Instrumente wie Koronographen, die das Sternenlicht blockieren, hat jedoch einige direkte Beobachtungen ermöglicht. Diese Methode ermöglicht es Astronomen, Bilder von Exoplaneten zu machen und manchmal sogar ihre Atmosphären direkt zu untersuchen.

## Gravitationslinseneffekt

Eine weniger häufige, aber wissenschaftlich wertvolle Methode ist der Gravitationslinseneffekt. Wenn ein Stern mit einem begleitenden Planeten vor einem weiter entfernten Stern vorbeizieht, kann die Schwerkraft des näheren Sterns das Licht des entfernteren Sterns wie eine Linse bündeln und verstärken. Änderungen in der Lichtkurve können auf die Anwesenheit eines Planeten hinweisen. Diese Methode ist besonders nützlich, um Planeten in größeren Entfernungen zu unserem Sonnensystem zu finden.

## Bedeutung der Methodenvielfalt

Die Kombination dieser Methoden hat unser Wissen über Exoplaneten exponentiell erweitert. Nicht nur, dass wir die Existenz dieser Planeten bestätigen können, wir lernen auch viel über ihre Massen, Größen, Umlaufbahnen und sogar über die Zusammensetzung ihrer Atmosphären. Jede Methode hat ihre eigenen Stärken und Grenzen und die Verwendung mehrerer Ansätze ermöglicht es Astronomen, ein umfassenderes Bild der Natur dieser fernen Welten zu erhalten.

# TYPEN VON EXOPLANETEN

Die Vielfalt der Exoplaneten, die wir bisher entdeckt haben, ist atemberaubend und sprengt oft die Grenzen dessen, was wir für möglich gehalten haben. Diese fremden Welten reichen von gigantischen Gasriesen hin zu kleinen, felsigen Planeten, die unserer eigenen Erde ähneln könnten.

## Gasriesen

Diese Kategorie umfasst die Hot Jupiters und Cold Jupiters. Hot Jupiters sind riesige, gasförmige Planeten, die ihrem Stern sehr nahe sind und daher sehr hohe Oberflächentemperaturen aufweisen. Sie waren einige der ersten entdeckten Exoplaneten. Cold Jupiters hingegen kreisen in größerer Entfernung von ihren Sternen, ähnlich unserem eigenen Jupiter. Diese Planeten bestehen hauptsächlich aus Gasen wie Wasserstoff und Helium und haben oft ein System von einem oder mehreren Monden.

## Felsige Planeten

Diese Kategorie umfasst Planeten, die in Größe und Zusammensetzung der Erde oder der anderen felsigen Planeten unseres Sonnensystems ähneln. Diese Welten, oft als erdähnlich oder Gesteinsplaneten bezeichnet, sind besonders faszinierend, da sie potenziell bewohnbare Bedingungen aufweisen könnten. Viele davon liegen in der bewohnbaren Zone ihrer Sterne, wo die Temperaturen flüssiges Wasser ermöglichen könnten.

## Eisriesen

Eisriesen ähneln den Gasriesen, haben aber einen höheren Anteil an Eis-Materialien wie Wasser, Ammoniak und Methan. Uranus und Neptun in unserem Sonnensystem sind Beispiele für solche Planeten. Exoplaneten dieser Kategorie können uns helfen, mehr über die Entstehung und Entwicklung von Planetensystemen zu verstehen.

## Supererden und Mini-Neptuns

Supererden sind felsige Planeten, die größer als die Erde, aber kleiner als Uranus oder Neptun sind. Sie könnten dichtere Atmosphären und unterschiedliche geologische Eigenschaften im Vergleich zur Erde haben. Mini-Neptuns sind wiederum kleinere Versionen von Gas- oder Eisriesen und stellen eine Zwischenkategorie dar, die in unserem Sonnensystem nicht vorkommt.

## Exotische Planeten

Zu dieser Gruppe gehören Planeten, die sich stark von den Typen unterscheiden, die wir in unserem Sonnensystem finden. Dazu zählen etwa Planeten, die um Doppelsterne kreisen, oder die aus ungewöhnlichen Materialien bestehen, die in unserem Sonnensystem nicht üblich sind.

Die Entdeckung und Kategorisierung dieser verschiedenen Arten von Exoplaneten hat unser Verständnis darüber, wie Planetensysteme entstehen und sich entwickeln, erweitert. Es zeigt uns auch, wie vielfältig und kreativ die Natur bei der Bildung von Welten sein kann. Jeder neu entdeckte Exoplanet ermöglicht, mehr über unser eigenes Sonnensystem zu lernen und unsere Vorstellungen von dem, was möglich ist, herauszufordern.

## DIE SUCHE NACH LEBEN

Die Suche nach Leben außerhalb der Erde ist eines der wohl schwierigsten Unterfangen in der modernen Astronomie. Im Fokus steht dabei die Erkundung von Exoplaneten, die Bedingungen für Leben aufweisen könnten. Dieses Unterfangen gliedert sich in verschiedene Schlüsselbereiche, die im Folgenden detailliert behandelt werden.

### Habitable Zonen

Die habitable Zone, oft als Goldilocks-Zone bezeichnet, ist der Bereich um einen Stern, in dem die Bedingungen möglicherweise genau richtig sind, um flüssiges Wasser auf der Oberfläche eines Planeten zu ermöglichen. Wasser gilt als Grundvoraussetzung für das Leben, wie wir es kennen.

Die Identifizierung von Planeten in der habitablen Zone ist ein zentraler Schritt bei der Suche nach lebensfreundlichen Welten. Diese Zone variiert je nach Größe und Temperatur des Sterns. Nicht jeder Planet in dieser Zone ist notwendigerweise bewohnbar, aber es ist ein vielversprechender Anfangspunkt.

## Biomarker

Biomarker sind chemische Signaturen, die das aufregende Potenzial haben, auf biologische Aktivitäten auf anderen Planeten hinzuweisen. Stell dir vor – Gase wie Sauerstoff, Ozon, Methan und Kohlendioxid, die in den Atmosphären ferner Welten schweben und möglicherweise die unglaubliche Nachricht von außerirdischem Leben flüstern! Diese Gase, die auf der Erde durch lebendige Prozesse entstehen – denke an den Sauerstoff, der durch die wundersame Kraft der Photosynthese erzeugt wird, oder an das Methan, das als Nebenprodukt der geheimnisvollen Welt der Mikroben entsteht – könnten auch in den Atmosphären von Exoplaneten existieren und uns Hinweise auf dortiges Leben geben.

Die reine Anwesenheit dieser Gase löst ein Rätsel von kosmischem Ausmaß aus. Bedeutet ihr Vorkommen automatisch Leben? Nicht unbedingt, aber das ist es, was diese Suche so unglaublich spannend macht! Diese Gase könnten durch abiotische, also nicht-lebende Prozesse entstehen – Methan könnte von brodelnden Vulkanen oder durch geologische Wunder erzeugt werden und Sauerstoff könnte durch komplexe photochemische Reaktionen in der Atmosphäre entstehen.

Aber hier endet die Detektivarbeit nicht. Die Wissenschaftler sind auf einer Mission, den ultimativen Fingerabdruck des Lebens zu finden, eine spezielle Kombination von chemischen Signaturen, die am besten durch die Existenz von Leben erklärt werden können. Stell dir die fortschrittlichsten Teleskope und Instrumente vor, die in die Unendlichkeit des Weltraums blicken, um die feinen Details in der Zusammensetzung der Atmosphären von Exoplaneten zu entziffern. Durch das Verständnis der komplexen Wechselwirkungen dieser Gase könnten wir eines Tages die begeisternde Entdeckung machen, dass wir nicht allein im Universum sind.

Und das ist bisher nicht alles, denn die Forschung ist in einem ständigen Wandel, erweitert fortlaufend unsere Vorstellung davon, welche Biomarker es geben könnte. Es geht nicht nur um die bereits bekannten Gase – es könnten auch andere chemische Verbindungen, vielleicht sogar saisonale Veränderungen in der Atmosphären-zusammensetzung, Hinweise auf lebende Organismen geben. Die ständige Weiterentwicklung unserer Fähigkeiten, Exoplanetenatmosphären zu analysieren, führt uns in eine Ära voller Begeisterung und Wunder. Die Entdeckung eines klaren Biomarkers könnte eines Tages die bahnbrechende Nachricht sein, die unser Verständnis von Leben im Universum für immer verändert.

## Spektroskopische Untersuchung

Durch die Analyse des Lichts, das von Exoplaneten reflektiert oder durch ihre Atmosphären übertragen wird, können Astronomen auf die chemische Zusammensetzung der Atmosphäre schließen. Dies ist eine komplexe Aufgabe, da es viele nicht-biologische Wege gibt, die ähnliche chemische Signaturen erzeugen können. Aber gerade diese Komplexität macht die Forschung so ungemein spannend und bedeutend.

Wenn das Licht eines Sterns einen Planeten passiert oder von seiner Atmosphäre reflektiert wird, interagiert es mit den Molekülen in der Atmosphäre. Diese Interaktionen verändern das Licht auf subtile, aber messbare Weisen. Durch die sorgfältige Analyse dieser Veränderungen, ein Prozess bekannt als Spektroskopie, können Astronomen die Fingerabdrücke verschiedener chemischer Verbindungen identifizieren. Es ist wie ein kosmisches Rätsel, bei dem jedes Spektrum einen versteckten Code enthält, der Aufschluss über die Zusammensetzung eines fernen Planeten gibt.

Die Herausforderung dabei ist, dass viele atmosphärische Gase sowohl durch biologische als auch durch abiotische Prozesse erzeugt werden können. Methan kann etwa durch mikrobielle Aktivität auf der Erde produziert werden, aber auf dem Saturnmond Titan entsteht es durch chemische Reaktionen, die nichts mit Leben zu tun haben. Daher reicht es nicht aus, nur die Anwesenheit eines Gases zu bestätigen. Astronomen müssen auch den Kontext und die Umgebung des Exoplaneten verstehen, um die Daten richtig interpretieren zu können.

Diese sorgfältige Analyse erfordert fortschrittliche Teleskope und Instrumente. Die nächste Generation von Weltraumteleskopen, wie das *James-Webb-Weltraumteleskop*, wird noch detailliertere Daten liefern, die es ermöglichen, die Atmosphären von Exoplaneten mit beispielloser Genauigkeit zu untersuchen. Mit diesen Werkzeugen könnten wir bald in der Lage sein, nicht nur einfache Gase, sondern auch komplexere organische Moleküle zu identifizieren, die stärkere Hinweise auf biologische Aktivitäten geben könnten.

Die Fähigkeit, die chemische Zusammensetzung der Atmosphären von Exoplaneten zu entschlüsseln, öffnet ein Fenster zu einer Welt voller Möglichkeiten. Jeder Exoplanet bietet die Chance, etwas Neues über die Vielfalt der Planeten und potenziell auch über die Bedingungen für Leben im Universum zu lernen. In dieser Hinsicht stehen wir an der Schwelle zu einigen der aufregendsten Entdeckungen in der Geschichte der Astronomie.

## Zukünftige Missionen und Technologien

Zukünftige Weltraumteleskope wie das *James Webb-Weltraumteleskop* und das *Extremely Large Telescope* sind darauf ausgerichtet, Exoplaneten in noch nie dagewesener Detailgenauigkeit zu untersuchen. Diese Teleskope werden in der Lage sein, die Atmosphären von Exoplaneten zu analysieren und sogar nach direkten Anzeichen von Leben zu suchen. Die fortschrittliche Technologie dieser Teleskope ermöglicht es, weit über die Grenzen bisheriger Instrumente hinauszugehen. Sie werden ausgestattet sein mit empfindlicheren Detektoren, leistungsstärkeren Spektrographen und fortschrittlicheren Imaging-Systemen, die es ermöglichen, feinste Details in der Atmosphäre eines Exoplaneten zu erfassen und zu analysieren. Diese Daten können Aufschluss geben über die Zusammensetzung der Atmosphäre, Wetterphänomene, ja sogar über die Oberflächenbeschaffenheit des Planeten.

Das *James Webb-Weltraumteleskop*, das speziell für die Beobachtung im Infrarotbereich ausgelegt ist, wird in der Lage sein, die Wärmestrahlung von Exoplaneten einzufangen und daraus wertvolle Erkenntnisse über ihre Atmosphären und möglicherweise lebensfreundlichen Bedingungen zu gewinnen. Mit dieser Fähigkeit könnte das Teleskop Spuren von Wasserdampf, Kohlendioxid und anderen wichtigen Biomarkern in den Atmosphären von Exoplaneten detektieren. Dies wäre ein bedeutender Schritt vorwärts in der Suche nach Leben, da es ermöglichen würde, die chemische Zusammensetzung von Planeten zu untersuchen, die möglicherweise ähnliche Bedingungen wie die Erde aufweisen.

Das *Extremely Large Telescope (ELT)* hingegen, ein riesiges Teleskop mit einem Spiegeldurchmesser von 39 Metern, wird von der Erde aus betrieben. Seine immense Größe wird es zu einem der leistungsstärksten Teleskope für optische und nahinfrarote Beobachtungen machen. Mit dieser außergewöhnlichen Beobachtungskapazität wird das *ELT* in der Lage sein, direkte Bilder von Exoplaneten zu machen, was bisher nur in sehr begrenztem Umfang möglich war. Diese direkten Bilder werden nicht nur dazu beitragen, die Größe und Umlaufbahn dieser Planeten genauer zu bestimmen, sondern könnten auch Einblicke in die atmosphärischen Bedingungen und sogar Anzeichen von Vegetation oder anderen biologischen Merkmalen liefern.

Zusammen werden das *James Webb-Weltraumteleskop* und das *Extremely Large Telescope* die Tür zu einer neuen Ära der Exoplanetenforschung aufstoßen. Mit ihren beispiellosen Fähigkeiten könnten sie uns der Antwort auf eine der ältesten Fragen der Menschheit näher bringen. Sind wir allein im Universum?

## SETI und andere Projekte

Das *Search for Extraterrestrial Intelligence (SETI)*-Projekt und ähnliche Initiativen suchen nach Signalen von außerirdischer Intelligenz. Während *SETI* hauptsächlich auf Radiosignale ausgerichtet ist, umfassen andere Projekte die Suche nach technologischen Signaturen wie Laserlicht oder industrielle Schadstoffe in Exoplanetenatmosphären. Diese ambitionierten Programme repräsentieren einen faszinierenden und innovativen Zweig der Astrobiologie, der sich mit der Frage beschäftigt, ob es fortschrittliche Zivilisationen im Universum gibt, die kommunizieren oder Spuren ihrer Existenz hinterlassen haben.

*SETI* nutzt eine Reihe von Radioteleskopen, um den Himmel nach ungewöhnlichen Signalen oder Mustern zu durchsuchen, die nicht natürlichen Ursprungs zu sein scheinen. Diese Signale könnten, wenn sie entdeckt werden, die ersten konkreten Beweise für intelligente außerirdische Lebensformen darstellen. Die Herausforderung bei dieser Suche liegt in der Unterscheidung zwischen menschengemachten Signalen und potenziellen außerirdischen Kommunikationen. Weiterhin ist es eine gewaltige Aufgabe, einen winzigen Bereich des riesigen elektromagnetischen Spektrums zu überwachen, wobei unzählige Frequenzen gleichzeitig beobachtet werden müssen.

Andere Forschungsinitiativen erweitern die Suche nach außerirdischem Leben über Radiosignale hinaus. Einige

Projekte konzentrieren sich auf die Suche nach technosignaturen, also Anzeichen von Technologie, die von außerirdischen Zivilisationen genutzt werden könnte. Dies umfasst die Beobachtung von Laserlicht, das als Form der interstellaren[27] Kommunikation oder Signalgebung verwendet werden könnte. Außerdem wird nach Anzeichen für industrielle Verschmutzung in den Atmosphären von Exoplaneten gesucht, was ein Indikator für fortgeschrittene industrielle Aktivität sein könnte.

Diese Suche nach außerirdischer Intelligenz ist nicht nur wissenschaftlich bedeutsam, sondern wirft auch tiefgreifende philosophische und ethische Fragen auf. Was würde es für die Menschheit bedeuten, wenn wir herausfinden, dass wir nicht allein im Universum sind? Wie würden wir auf die Entdeckung von intelligentem Leben reagieren? Die Arbeit von *SETI* und ähnlichen Projekten ist nicht nur ein technologisches Unterfangen, sondern auch eine Reise, die unser Verständnis unserer eigenen Existenz und unserer Stellung im Kosmos erweitern könnte.

## EIN UNIVERSUM VOLLER HOFFNUNG?

Die Erforschung von Exoplaneten und die Suche nach außerirdischem Leben sind nicht nur wissenschaftlich spannend, sondern auch voller Herausforderungen und

---

[27] Bezieht sich auf alles, was zwischen den Sternen innerhalb einer Galaxie stattfindet oder existiert, wie interstellare Materie oder interstellare Reisen.

Potenziale, die unsere Vorstellungskraft anregen und uns an die Grenzen des Möglichen führen.

## Astronomische Entfernungen

Eine der größten Herausforderungen ist die schiere Entfernung zu diesen fernen Welten. Viele Exoplaneten liegen Hunderte, wenn nicht Tausende Lichtjahre entfernt. Diese enormen Distanzen erschweren nicht nur die Beobachtung und Analyse, sondern auch die Vorstellung, eines Tages vielleicht eine direkte Erkundung durchführen zu können. Doch gerade diese Herausforderung treibt uns an, immer leistungsfähigere Teleskope und Erkennungsmethoden zu entwickeln.

Stellen wir uns kurzzeitig die pure Begeisterung vor, die diese Entfernungen mit sich bringen. Jeder Lichtstrahl, der von diesen fernen Sternen und ihren Planeten zu uns reist, ist eine Botschaft aus der Vergangenheit, ein Echo aus einer fernen Welt. Die Tatsache, dass wir in der Lage sind, diese Botschaften aufzufangen und zu entschlüsseln, ist nichts weniger als ein Wunder moderner Wissenschaft und Technik.

Die Entwicklung von immer fortschrittlicheren Teleskopen ist ein Zeugnis menschlicher Neugier und unseres unermüdlichen Strebens, das Unbekannte zu erforschen. Diese Geräte, die wie gigantische Augen ins All blicken, erweitern unsere Fähigkeit, ferne Welten zu sehen und zu verstehen, in einem Ausmaß, das vor nur wenigen Jahrzehnten unvorstellbar gewesen wäre. Jedes neue Bild, jedes Spektrum, das wir von diesen Teleskopen erhalten, könnte der Schlüssel zu neuen Entdeckungen sein.

Und dann gibt es die faszinierende Möglichkeit der direkten Erkundung. Obwohl es heutzutage wie reine Science-Fiction erscheinen mag, die Distanz zu einem Exoplaneten zu überbrücken, könnte die zukünftige Entwicklung von Raumfahrttechnologien, wie schnelleren Antriebssystemen oder sogar theoretischen Konzepten wie Warp-Antrieben[28], eines Tages den Weg für interstellare Reisen ebnen. Die Vorstellung, dass die Menschheit vielleicht eines Tages Fuß auf einen anderen Planeten in einem anderen Sonnensystem setzen könnte, ist ein Traum, der Forscher, Ingenieure und Träumer weltweit inspiriert.

So sind die enormen Entfernungen zu Exoplaneten zwar eine gewaltige Herausforderung, aber gleichzeitig ein kraftvoller Ansporn. Sie treiben uns an, die Grenzen des Machbaren zu erweitern, neue Technologien zu entwickeln und unseren Horizont über die Grenzen unseres Sonnensystems hinaus zu erweitern. In diesem Streben nach Wissen und Erkundung manifestiert sich der unstillbare menschliche Entdeckergeist, der uns immer weiter in die unendlichen Weiten des Universums führt.

## Entschlüsselung der Signaturen

Die Interpretation der von Exoplaneten kommenden Signale ist eine weitere große Herausforderung. Wie entschlüsseln wir die Informationen, die in Lichtjahren

---

[28] Ein hypothetisches Konzept aus der Science-Fiction, das ein Raumschiff erlauben würde, schneller als Licht zu reisen, indem es die Raumzeit um das Schiff herum verändert.

Entfernung entstanden sind? Jedes neu entdeckte Spektrum, jede Veränderung in der Lichtkurve eines Sterns könnte der Schlüssel zu neuen Erkenntnissen sein. Diese Rätsel zu lösen, erfordert nicht nur fortschrittliche Technologien, sondern auch kreative wissenschaftliche Ansätze.

Stellen wir uns das wie eine kosmische Schatzsuche vor, bei der jeder Hinweis eine Tür zu neuen Welten und Phänomenen öffnen kann. Jedes Mal, wenn ein Teleskop auf einen fernen Stern gerichtet wird und sein Licht einfängt, halten wir im Grunde ein Stück des Universums in unseren Händen. Die Spektren, die wir erhalten, sind komplexe Geschichten über ferne Welten, die darauf warten, erzählt zu werden. Die Entschlüsselung dieser Geschichten erfordert ein Zusammenspiel aus hoch entwickelter Technik, akribischer Datenanalyse und einer ordentlichen Portion Kreativität.

Die Astronomie ist in dieser Hinsicht eine einzigartige Wissenschaft. Sie verbindet präzise wissenschaftliche Methoden mit der fast künstlerischen Interpretation von Daten. Jede Beobachtung, jedes gesammelte Photon kann eine neue Entdeckung über die Atmosphäre eines Exoplaneten, die Zusammensetzung seiner Oberfläche oder sogar über das Vorhandensein von Leben bringen. Die Wissenschaftler, die sich dieser Aufgabe widmen, sind Detektive, die die subtilsten Hinweise in einem Meer von Informationen aufspüren.

Überdies eröffnet die Weiterentwicklung der Technologie ständig neue Möglichkeiten. Was heute als Rätsel erscheint, könnte morgen durch neue Instrumente oder Analysemethoden gelöst werden. So entsteht ein dynamisches Feld, in dem jede Entdeckung den Weg für die nächste ebnet. Wir leben in einer Zeit, in der die Grenzen des Wissens ständig erweitert werden und die Erforschung von Exoplaneten steht dabei an vorderster Front.

Das Entziffern der Signale von Exoplaneten ist daher mehr als eine wissenschaftliche Herausforderung; es ist eine Einladung, an der Grenze des Bekannten zu stehen und mutig in das Reich des Unbekannten zu treten. Mit jedem entschlüsselten Signal kommen wir nicht nur der Antwort auf die Frage nach Leben im Universum näher, sondern erweitern unser Verständnis davon, was es bedeutet, das Universum zu erforschen. In diesem Abenteuer der Entdeckung liegt eine tiefe und ansteckende Begeisterung, die die Menschheit schon immer angetrieben hat, nach den Sternen zu greifen.

## Neue Welten entdecken

Kannst du dir vorstellen, dass jeder neu entdeckte Exoplanet ein funkelndes Juwel in der unermesslichen Weite des Weltraums, ein mysteriöses Reich voller Geheimnisse und Wunder, ist? Die Exoplanetenforschung ist nicht nur eine Wissenschaft, denn sie ist ein Tor zu einer Welt voller atemberaubender Potenziale. Jeder dieser fernen Planeten ist eine eigene Welt, einzigartig und voller unerforschter Möglichkeiten. Sie sind wie verborgene Schätze, die nur darauf warten, entdeckt und erforscht zu werden.

Mit jedem Planeten, den wir entdecken, enthüllen wir ein neues Stück des kosmischen Puzzles. Diese Welten, die sich über die unvorstellbaren Distanzen des

Universums erstrecken, könnten Berge haben, die höher als der Everest sind, Ozeane, die tiefer als der Marianengraben sind, oder vielleicht sogar Lebensformen, die jenseits unserer wildesten Vorstellungen liegen. Jede Entdeckung erweitert unser Wissen über das Universum und lässt uns staunen über die Vielfalt und Schönheit, die in den unendlichen Weiten des Weltraums existieren.

Diese Reise in die Weiten des Alls inspiriert nicht nur die heutigen Astronomen und Astrophysiker, sondern entfacht die Fantasie von Generationen von Wissenschaftlern, Träumern und Abenteurern. Von jungen Schülern, die zum ersten Mal durch ein Teleskop blicken, bis hin zu erfahrenen Forschern, die an der Grenze des menschlichen Wissens arbeiten – die Exoplanetenforschung fesselt uns alle mit der unendlichen Frage – was liegt dort draußen in der Unendlichkeit des Weltalls?

Die Entdeckung neuer Planeten ist eine Erinnerung daran, dass das Universum voller Geheimnisse steckt, die nur darauf warten, von uns entdeckt zu werden. Jeder Blick in den Himmel, jeder neue Datenpunkt, den wir erfassen, ist ein Schritt weiter auf dieser unglaublichen Reise. In der Erforschung von Exoplaneten liegt die Sehnsucht, das Unbekannte zu erforschen und uns selbst in diesem unendlichen Universum zu finden. Dies ist das wahre Herz der Exoplanetenforschung.

# SIND WIR ALLEIN IM UNIVERSUM?

In den stillen Momenten des Nachdenkens, wenn der Himmel über mir ein Fenster zu unendlichen Welten wird, stelle ich mir oft eine Frage, die die Menschheit seit jeher fasziniert – gibt es irgendwo da draußen im unermesslichen Kosmos anderes Leben? Und wenn ja, wie würde eine Begegnung mit diesen Lebensformen unsere Sicht auf uns selbst und das Universum verändern?

## ÜBER DIE MÖGLICHKEIT AUßERIRDISCHEN LEBENS

Die Wahrscheinlichkeit für außerirdisches Leben basiert auf einer Reihe wissenschaftlicher Erkenntnisse und Annahmen. Als Astrophysiker kommt man nicht umhin, die schiere Größe des Universums zu betrachten. Milliarden Galaxien, jede mit Milliarden von Sternen und wahrscheinlich noch mehr Planeten. Es scheint fast anmaßend zu glauben, dass in diesem gigantischen Kosmos nur ein einziger blauer Punkt Leben beherbergt. Diese Überlegung wird nicht nur durch romantische

Vorstellungen oder Sci-Fi-Literatur genährt, sondern fußt auf soliden wissenschaftlichen Grundlagen.

Primär die Entdeckung von Exoplaneten in der habitablen Zone ihrer Sterne – Orten, wo Wasser in flüssiger Form existieren könnte – nährt diese Vorstellung. Wasser ist das Elixier des Lebens, wie wir es kennen. Es ist der entscheidende Baustein, ohne den die komplexe Chemie des Lebens, wie wir sie auf der Erde beobachten, kaum vorstellbar wäre. Aber hier stoßen wir an eine interessante Grenze unserer Vorstellungskraft – muss außerirdisches Leben zwingend unseren Vorstellungen entsprechen? Wir basieren unsere Suche nach Leben im All auf Kriterien, die auf unserem eigenen, sehr begrenzten Erfahrungshorizont fußen. Dies könnte uns dazu verleiten, andere Formen des Lebens, die nicht unseren bekannten biologischen Mustern entsprechen, zu übersehen.

Stellen wir uns etwa Lebensformen vor, die in den Wolken von Gasriesen oder in den eisigen Ozeanen von Monden weit entfernter Planeten existieren könnten. Diese Wesen könnten auf einer ganz anderen chemischen Basis aufbauen, vielleicht sogar auf Silizium anstelle von Kohlenstoff oder sie könnten in Umgebungen leben, die für uns tödlich wären. Wir könnten auch die Möglichkeit in Betracht ziehen, dass es Lebensformen gibt, die in extremen Bedingungen gedeihen, wie in der Nähe von Schwarzen Löchern, wo die Zeit und Raum anders funktionieren. Solche Lebensformen würden unsere Definition von Leben radikal herausfordern und erweitern.

Zusätzlich zur chemischen Zusammensetzung ist auch die Frage nach der Entwicklung solcher Lebensformen faszinierend. Auf der Erde hat die Evolution eine unglaubliche Vielfalt hervorgebracht – von mikroskopisch kleinen Bakterien hin zu intelligenten Menschen. Wie würde sich Leben entwickeln unter Bedingungen, die von denen auf der Erde stark abweichen? Welche Arten von Intelligenz, sozialen Strukturen und Technologien könnten solche Wesen entwickeln? Diese Fragen führen uns in die Welt der Exobiologie, ein Feld, das über die Grenzen der traditionellen Biologie hinausgeht und die möglichen Formen des Lebens im ganzen Universum erforscht.

Diese Überlegungen sind nicht nur von wissenschaftlichem Interesse, denn sie haben tiefgründige philosophische und ethische Implikationen. Sie zwingen uns, unsere Rolle und unseren Stellenwert im Universum neu zu überdenken. Die Entdeckung außerirdischen Lebens, in welcher Form auch immer, würde unser Verständnis von Leben, Bewusstsein und unserer Position im Kosmos grundlegend verändern. Es würde uns vielleicht sogar demütiger machen, wenn wir erkennen, dass wir nur eine von vielen Lebensformen in einem unermesslich großen, vielfältigen Universum sind.

## DIE FRAGE DES KONTAKTS

Die Möglichkeit, eines Tages Kontakt mit außerirdischem Leben aufzunehmen, wirft unzählige Fragen auf. Würden wir überhaupt in der Lage sein, mit einer komplett anderen Lebensform zu kommunizieren? Unsere menschlichen Erfahrungen und Sprachen sind tief in unserer eigenen Biologie und Kultur verwurzelt. Eine außerirdische Intelligenz könnte Konzepte haben, die jenseits unserer Vorstellungskraft liegen. Diese Herausforderung ist nicht nur technischer, vielmehr konzeptioneller Natur.

Menschliche Kommunikation basiert auf einer gemeinsamen biologischen Basis – unseren Sinnen und unserer Art, die Welt wahrzunehmen und zu interpretieren. Was aber, wenn außerirdische Wesen ganz anders wahrnehmen? Vielleicht kommunizieren sie durch Frequenzen, die für das menschliche Ohr unhörbar sind oder sie nutzen visuelle Sprachen, die unser Verständnis von Sehen übertreffen. Ihre Sprache könnte eine komplexe Mischung aus Klängen, Farben und sogar Gerüchen sein, etwas, das in unserer menschlichen Erfahrung kein direktes Gegenstück hat.

Dazu kommt die Frage der Intelligenz. Wir neigen dazu, Intelligenz an menschlichen Maßstäben zu messen – Logik, Problemlösung, vielleicht sogar künstlerische Ausdrucksfähigkeit. Aber ist dies der einzige Weg, Intelligenz zu definieren? Eine außerirdische Intelligenz könnte sich in Formen manifestieren, die wir kaum als solche erkennen. Sie könnte in ihren Denkprozessen so unterschiedlich sein, dass unsere Versuche, mit ihr zu kommunizieren, wie der Versuch erscheinen, mit einer komplett anderen Realität in Kontakt zu treten.

Diese Überlegungen führen zu einem noch größeren Rätsel. Wie würden wir überhaupt wissen, dass wir auf außerirdisches Leben gestoßen sind, wenn es so grundlegend anders ist als alles, was wir kennen?

Vielleicht haben wir bereits indirekte Zeichen von außerirdischem Leben entdeckt, aber sie aufgrund unserer begrenzten Vorstellungskraft und Erwartungen übersehen.

Eine Begegnung mit außerirdischem Leben könnte zudem unser Verständnis von Ethik und Moral herausfordern. Wie gehen wir mit Wesen um, deren Existenz unsere tiefsten Überzeugungen und unser Verständnis von Leben in Frage stellt? Diese Fragen reichen von der Art und Weise, wie wir mit ihnen interagieren würden, bis zu den möglichen Auswirkungen auf unsere Gesellschaft und Weltsicht. Würden wir versuchen, sie zu verstehen im Sinne unseres eigenen Verständnisses oder wären wir bereit, unsere Konzepte von Verstehen und Kommunikation zu erweitern?

Die Möglichkeit eines Kontakts mit außerirdischem Leben öffnet somit eine Tür zu einem Universum voller unbekannter Variablen und Potenziale. Es ist eine Einladung, über den Horizont unserer eigenen Existenz hinauszublicken und zu akzeptieren, dass das Universum komplexer, wunderbarer und unergründlicher sein könnte, als wir es uns jemals vorstellen konnten. Es fordert uns heraus, über den Tellerrand unserer menschlichen Erfahrung hinauszuschauen und das Unbekannte mit einem offenen Geist und einer bereitwilligen Neugier zu begrüßen.

Die Entdeckung außerirdischen Lebens, insbesondere einer intelligenten Spezies, wäre wohl die bedeutendste Entdeckung in der menschlichen Geschichte. Sie würde unser Selbstverständnis als Menschen grundlegend verändern. Sind wir einzigartig im Universum oder nur ein weiterer Zweig im großen Baum des Lebens? Diese Frage führt uns zu einer Auseinandersetzung mit unserer eigenen Identität und Existenz. Jahrhundertelang haben wir uns selbst als Krone der Schöpfung, als einzigartige Wesen in einem ansonsten leblosen Universum gesehen. Die Erkenntnis, dass es andere intelligente Lebensformen gibt, würde diese Sichtweise auf den Kopf stellen und uns möglicherweise demütiger und bewusster über unsere Rolle im Kosmos machen.

Solch eine Entdeckung könnte eine tiefgreifende spirituelle und philosophische Krise auslösen. Unsere Religionen, unsere Philosophien, unsere Ethik – sie alle sind in dem Glauben verwurzelt, dass das menschliche Leben etwas Besonderes, vielleicht sogar Einzigartiges ist. Die Existenz außerirdischen Lebens würde uns zwingen, unseren Platz im Universum neu zu definieren. Es würde fundamentale Fragen darüber aufwerfen, wie wir das Göttliche verstehen, wie wir die Schöpfung interpretieren und wie wir uns selbst im Kontext eines viel größeren und komplexeren Universums sehen.

Diese Krise könnte zugleich eine Chance für Wachstum und Erweiterung unseres geistigen Horizonts sein. Vielleicht würden neue Formen der Spiritualität und Philosophie entstehen, die die Existenz außerirdischen

Lebens integrieren und dabei helfen, unser Verständnis von Verbundenheit, Gemeinschaft und unserem Platz im Universum zu vertiefen. Es könnte zu einer Neuorientierung unserer ethischen und moralischen Werte führen, die sich nicht mehr nur auf die Menschheit beschränken, sondern das gesamte Leben im Kosmos einbeziehen.

In der Wissenschaft könnte die Entdeckung von außerirdischem Leben ebenso revolutionär sein. Sie würde neue Forschungsfelder eröffnen und könnte zu Durchbrüchen in der Biologie, Astronomie, Chemie und vielen anderen Disziplinen führen. Die Fragen, wie Leben entsteht, sich entwickelt und im Universum verbreitet, würden in einem ganz neuen Licht betrachtet werden. Es könnte uns helfen, die Herausforderungen, denen wir auf der Erde gegenüberstehen, besser zu verstehen und zu bewältigen, indem wir lernen, wie andere Lebensformen mit ihren eigenen planetaren Bedingungen umgegangen sind.

Die Entdeckung außerirdischen Lebens wäre somit nicht nur eine wissenschaftliche Sensation, sondern ein bedeutsamer Meilenstein in der menschlichen Geschichte. Sie würde die Art und Weise, wie wir die Welt und uns selbst betrachten, verändern und uns neue Wege aufzeigen, über unsere Existenz und unseren Platz im Universum nachzudenken. Es wäre ein Moment, der uns gleichzeitig demütigt und inspiriert, ein Zeugnis der unglaublichen Vielfalt und Schönheit des Universums, in dem wir leben.

# UNSER PLATZ IM UNIVERSUM

Während ich auf der Wiese hinter meinem Elternhaus in die Sterne blicke, bleibt die Frage nach außerirdischem Leben unbeantwortet. Aber die Suche danach erweitert nicht nur unseren wissenschaftlichen Horizont, sie ist auch eine Reise zu uns selbst. Sie zwingt uns, über unseren Platz im Kosmos nachzudenken, über unsere Verantwortung gegenüber unserem eigenen Planeten und dem Leben, das er beherbergt. Diese Suche ist mehr eine philosophische und spirituelle Reise, die tief in unsere eigene Natur und die Geheimnisse des Lebens eintaucht.

Vielleicht sind wir allein, vielleicht auch nicht. Aber in beiden Fällen eröffnet sich eine nachdenkliche Perspektive. Entweder sind wir ein einsamer Leuchtturm des Lebens in einem dunklen, leeren Ozean oder wir sind Teil eines unglaublich vielfältigen Universums, in dem das Leben in unzähligen Formen und Farben erblüht. Jedes Szenario hat seine eigene Schönheit und seine eigenen Herausforderungen. Wenn wir allein sind, hebt dies die Einzigartigkeit und Kostbarkeit des Lebens auf der Erde hervor und betont die enorme Verantwortung, die wir für die Bewahrung unseres Planeten und seiner Bewohner haben. Es wäre ein Aufruf, unseren blauen Punkt im Weltraum zu schützen und zu schätzen.

Sollten wir jedoch nicht allein sein, würde dies unsere Verbindung zum Universum vertiefen und uns ein Gefühl der Zugehörigkeit zu einem größeren kosmischen Ganzen geben. Die Erkenntnis, dass das Leben ein wiederkehrendes und vielfältiges Phänomen im Universum ist, könnte uns inspirieren, neue Wege zu finden, wie wir in Harmonie mit unserer Umwelt und vielleicht eines Tages mit anderen Lebensformen leben können. Dies würde unsere Perspektive auf das Leben und unsere Rolle im Universum grundlegend verändern und könnte zu einem neuen Zeitalter der Zusammenarbeit und des Verständnisses führen.

Unabhängig davon, ob wir allein sind oder nicht, hat die Suche nach außerirdischem Leben bereits begonnen, unseren Blick auf das Universum und uns selbst zu verändern. Sie ermutigt uns, über den Tellerrand hinauszuschauen und die unendlichen Möglichkeiten zu erkunden, die das Universum bietet. Sie lehrt uns Bescheidenheit angesichts der Unendlichkeit des Raums und der Zeit und gleichzeitig den Wert und die Wichtigkeit unserer eigenen Existenz. In diesem Sinne ist die Suche nach außerirdischem Leben nicht nur eine wissenschaftliche Herausforderung, sondern eine wertvolle Reise der Selbstentdeckung und des Staunens über das Wunder des Lebens.

## WUSSTEST DU SCHON?

Der Exoplanet Proxima Centauri b liegt in der bewohnbaren Zone seines Sterns, was Wasser und Leben ermöglichen würde.

# MEILENSTEINE DER ASTROPHYSIK

## 1609–1619: Keplers Gesetze der Planetenbewegung

Johannes Kepler formulierte drei Gesetze, die die Bewegungen der Planeten um die Sonne beschreiben. Diese Gesetze waren entscheidend für das Verständnis der Himmelsmechanik und bildeten eine wichtige Grundlage für Newtons Gravitationstheorie.

## 1610: Die Entdeckung der Milchstraße

Die bahnbrechende Beobachtung Galileo Galileis, dass die Milchstraße aus unzähligen Sternen besteht, markierte einen wesentlichen Wendepunkt im astronomischen Verständnis. Mit der damals neuartigen Technologie des Teleskops enthüllte Galilei eine bis dahin verborgene Dimension des Nachthimmels und leistete damit einen entscheidenden Beitrag zum Verständnis der wahren Natur der Milchstraße.

## 1687: Isaac Newtons Gravitationstheorie

Newtons Werk *"Philosophiae Naturalis Principia Mathematica"* legte die Grundlagen für die klassische Mechanik und stellte das universelle Gravitationsgesetz vor. Dies war ein entscheidender Schritt für das Verständnis der Bewegungen von Himmelskörpern.

## 1781: Entdeckung des Uranus

William Herschel entdeckte den Planeten Uranus, die erste neue Planetenentdeckung mit einem Teleskop, was das Sonnensystem über die bekannten Grenzen hinaus erweiterte.

## 1913: Hertzsprung-Russell-Diagramm

Ejnar Hertzsprung und Henry Norris Russell entwickelten unabhängig voneinander ein Diagramm, das die Beziehung zwischen den Sternen, ihrer Helligkeit und ihrer Farbe (Temperatur) darstellt. Dies war ein fundamentaler Beitrag zum Verständnis der Sternentwicklung.

## 1929: Expansion des Universums

Hubble stellte fest, dass Galaxien sich von uns (der Erde) weg bewegen und dass die Geschwindigkeit ihrer Entfernung mit der Entfernung zunimmt. Dies führte zur Theorie des expandierenden Universums.

## 1965: Entdeckung der kosmischen Mikrowellen-Hintergrundstrahlung

Arno Penzias und Robert Wilson entdeckten die kosmische Mikrowellen-Hintergrundstrahlung, ein Überbleibsel des Big Bang, was als starker Beweis für die Urknalltheorie gilt.

## 1967: Entdeckung der Pulsare

Jocelyn Bell Burnell und Antony Hewish entdeckten die ersten Pulsare, schnell rotierende Neutronensterne, die präzise Radiopulse aussenden. Dies war ein bedeutender Durchbruch im Verständnis von Endstadien der Sternentwicklung.

## 1977: Erforschung des äußeren Sonnensystems

Die *Voyager-Sonden* starteten ihre Mission 1977 und lieferten schon wenige Jahre nach dem Start detaillierte Daten und Bilder der äußeren Planeten und ihrer Monde, erweiterten unser Wissen über das Sonnensystem und erreichten als erste menschengemachte Objekte den interstellaren Raum.

## 1992: Erster Nachweis von Exoplaneten

Aleksander Wolszczan und Dale Frail entdeckten die ersten Exoplaneten, die um einen Pulsar kreisen, was unser Verständnis von Planetensystemen revolutionierte.

## 2015: Gravitationswellendetektion

Rund 100 Jahre nach Albert Einsteins Vorhersage in seiner Allgemeinen Relativitätstheorie, dass Gravitationswellen existieren, wurde am 14. September 2015 ein epochales Ereignis in der Astrophysik verzeichnet. Die hoch entwickelten *LIGO*-Detektoren in den USA registrierten ein außergewöhnliches Signal, das aus den Tiefen des Universums stammte. Dieses Signal, das aus einem etwa 1,3 Milliarden Lichtjahre entfernten Doppelsystem zweier Schwarzer Löcher mit 29 und 36 Sonnenmassen kam, zeugte von einem dramatischen kosmischen Ereignis.

## 2019: Erstes Bild eines Schwarzen Lochs

Das *Event Horizon Telescope* lieferte das erste direkte Bild eines Schwarzen Lochs, genauer gesagt des supermassiven Schwarzen Lochs im Zentrum der Galaxie M87.

# HÄUFIGE FRAGEN

## Was ist die Astrophysik?

Die Astrophysik ist ein Teilgebiet der Astronomie, das sich damit beschäftigt, wie Sterne, Planeten, Galaxien und das gesamte Universum funktionieren. Sie nutzt die Gesetze der Physik, um zu verstehen, wie diese riesigen und oft sehr weit entfernten Objekte sich verhalten.

## Wie unterscheidet sich die Astrophysik von der Astronomie?

Während die Astronomie sich allgemein mit der Beobachtung und Klassifizierung von Himmelskörpern wie Sternen und Planeten beschäftigt, konzentriert sich die Astrophysik speziell darauf, die physikalischen Prozesse und Eigenschaften dieser Objekte zu verstehen.

## Was erforschen Astrophysiker genau?

Astrophysiker erforschen viele verschiedene Dinge, wie die Entstehung und Entwicklung von Sternen, die Dynamik von Galaxien, die Eigenschaften von schwarzen Löchern und die große Frage, wie das gesamte Universum entstanden ist und sich verändert.

## Benötigt man ein Teleskop, um Astrophysik zu betreiben?

Teleskope sind wichtige Werkzeuge für Astrophysiker, weil sie damit weit entfernte Objekte im Universum beobachten können. Aber Astrophysik beinhaltet auch viel theoretische Arbeit und Berechnungen, die ohne Teleskope gemacht werden.

## Ist Astrophysik das Gleiche wie Quantenphysik?

Nein, das sind zwei verschiedene Bereiche. Die Quantenphysik beschäftigt sich mit den winzigen Dingen, wie Atomen und subatomaren Teilchen, während sich die Astrophysik mit den ganz großen Dingen, wie Sternen und Galaxien, befasst.

## Kann man mit Astrophysik schwarze Löcher verstehen?

Ja, das Studium schwarzer Löcher ist ein wichtiger Teil der Astrophysik. Astrophysiker versuchen zu verstehen, wie schwarze Löcher entstehen, wie sie sich verhalten und wie sie das Universum um sie herum beeinflussen.

## Was ist Dunkle Materie und Dunkle Energie?

Dunkle Materie und Dunkle Energie sind mysteriöse Komponenten des Universums, die wir nicht direkt sehen können, aber deren Existenz wir durch ihre Gravitationswirkung auf sichtbare Objekte vermuten. Dunkle Materie zieht Dinge durch ihre Schwerkraft an, während Dunkle Energie dazu führt, dass sich das Universum beschleunigt ausdehnt.

## Wie hilft die Astrophysik, das Universum zu verstehen?

Die Astrophysik hilft uns, die grundlegenden Gesetze zu verstehen, die das Universum regieren. Durch das Studium der Astrophysik können wir lernen, wie das Universum entstanden ist, wie es sich entwickelt und was möglicherweise seine Zukunft ist.

## Wie alt ist das Universum?

Nach aktuellen wissenschaftlichen Erkenntnissen ist das Universum etwa 13,8 Milliarden Jahre alt. Dieses Alter wird hauptsächlich durch die Beobachtung der Bewegung von Galaxien und durch die Analyse der kosmischen Hintergrundstrahlung bestimmt.

## Was ist ein schwarzes Loch und kann es gefährlich sein?

Ein schwarzes Loch ist ein Bereich im Weltraum, dessen Gravitationskraft so stark ist, dass nichts, nicht einmal Licht, entkommen kann. Sie sind faszinierend, aber normalerweise nicht gefährlich, es sei denn, man würde sich ihnen sehr nahe nähern, was mit der aktuellen Raumfahrttechnologie nicht möglich ist.

## Können wir zu anderen Galaxien reisen?

Mit der aktuellen Technologie ist es unmöglich, zu anderen Galaxien zu reisen, da sie extrem weit entfernt sind. Die nächste Galaxie, Andromeda, ist zum Beispiel etwa 2,5 Millionen Lichtjahre von der Erde entfernt.

## Wie funktioniert ein Teleskop in der Astrophysik?

Teleskope in der Astrophysik werden verwendet, um Licht und andere Arten von Strahlung aus dem Weltraum zu sammeln und zu fokussieren. Damit können Wissenschaftler weit entfernte Objekte wie Sterne, Galaxien und Nebel beobachten und studieren.

## Hat das Universum einen Rand oder ein Ende?

Diese Frage ist eines der großen Rätsel der Astrophysik. Nach derzeitigem wissenschaftlichem Verständnis hat das Universum keinen Rand oder ein Ende in dem Sinne, wie wir es uns vorstellen. Das Universum scheint grenzenlos und gleichmäßig in alle Richtungen ausgedehnt zu sein, ohne einen zentralen Punkt oder eine Kante.

## Können wir das Universum jemals vollständig verstehen?

Obwohl die Astrophysik große Fortschritte gemacht hat, gibt es immer noch viele Fragen über das Universum, die wir nicht beantworten können. Die Komplexität und Unendlichkeit des Universums macht es zu einem ständig spannenden und herausfordernden Forschungsgebiet.

## Was ist ein Lichtjahr und wie wird es in der Astrophysik verwendet?

Ein Lichtjahr ist die Entfernung, die das Licht in einem Jahr zurücklegt. Da Licht mit einer unglaublichen Geschwindigkeit von etwa 300.000 Kilometern pro Sekunde reist, ist ein Lichtjahr eine enorm große

Distanz - ungefähr 9,46 Billionen Kilometer. In der Astrophysik wird diese Maßeinheit verwendet, um die riesigen Entfernungen zwischen Himmelskörpern im Universum zu beschreiben. Wenn also gesagt wird, dass ein Stern 4 Lichtjahre von uns entfernt ist, bedeutet das, dass das Licht von diesem Stern 4 Jahre benötigt, um die Erde zu erreichen.

## Werden Menschen jemals einen Warp-Antrieb oder eine ähnliche Technologie entwickeln?

Diese Konzepte fortschrittlicher Technologien sind derzeit noch rein theoretisch und stark von der Science-Fiction inspiriert. Nach unserem aktuellen Verständnis der Physik, insbesondere der Relativitätstheorie von Einstein, ist eine Bewegung schneller als das Licht nicht möglich. Allerdings erforschen Wissenschaftler weiterhin die Grundlagen der Physik und suchen nach neuen Möglichkeiten der Raumfahrt. Es ist denkbar, dass zukünftige Entdeckungen oder technologische Durchbrüche neue Perspektiven eröffnen könnten, aber zum aktuellen Zeitpunkt bleibt ein Warp-Antrieb im Bereich der Fiktion und Spekulation.

# GLOSSAR

**Akkretionsscheibe**: Eine flache, rotierende Scheibe aus Gas und Staub, die sich oft um ein zentrales Objekt wie ein Schwarzes Loch oder einen neu gebildeten Stern bildet.

**Absorptionsspektrum**: Spektrum, das entsteht, wenn Licht durch ein Medium (wie eine Gaswolke) hindurchgeht und bestimmte Wellenlängen absorbiert werden.

**Astrochemie**: Studium der chemischen Elemente und Reaktionen, die im Universum vorkommen.

**Astronomische Einheit (AE)**: Eine Maßeinheit, die der durchschnittlichen Entfernung der Erde von der Sonne entspricht.

**Big Bang**: Die Theorie, die den Ursprung des Universums als eine gigantische Explosion beschreibt.

**Cepheiden**: Eine Klasse von veränderlichen Sternen, die zur Bestimmung von Entfernungen im Universum verwendet werden.

**Dunkle Energie**: Eine hypothetische Form von Energie, die die beschleunigte Expansion des Universums erklären soll.

**Dunkle Materie**: Nicht direkt beobachtbare Materie, die etwa 85 % der gesamten Materie im Universum ausmacht.

**Einstein-Rosen-Brücke (Wurmloch)**: Ein hypothetisches Phänomen, das als Tunnel durch Raum und Zeit beschrieben wird.

**Exoplanet**: Ein Planet, der außerhalb unseres Sonnensystems um einen anderen Stern kreist.

**Fusionsreaktion**: Die Verschmelzung von Atomkernen, die in Sternen Energie erzeugt.

**Galaxie**: Ein großes System von Sternen, Gas, Staub und dunkler Materie, das durch Gravitation gebunden ist.

**Gravitationslinse**: Ein Effekt, bei dem das Licht eines entfernten Objekts durch die Gravitationswirkung eines dazwischenliegenden Objekts gebogen wird, was zu einer Verzerrung und Vergrößerung des Bildes führt.

**Gammastrahlen-Ausbruch:** Eine kurze und intensive Emission von Gammastrahlung, die aus dem Weltraum kommt und oft mit dem Tod massereicher Sterne und der Bildung von Neutronensternen oder Schwarzen Löchern verbunden ist.

**Hertzsprung-Russell-Diagramm**: Ein Diagramm, das die Beziehung zwischen den Sternen hinsichtlich ihrer Leuchtkraft und Temperatur darstellt.

**Habitable Zone**: Der Bereich um einen Stern, in dem die Bedingungen möglicherweise geeignet für das Vorhandensein von flüssigem Wasser auf Planeten sind.

**Interstellare Materie**: Gas und Staub zwischen den Sternen einer Galaxie.

**Inflation (kosmologisch)**: Eine Theorie, die eine rasante Expansion des frühen Universums beschreibt.

**Jets**: Schnelle, schmale Ströme von Materie, die von einigen Sternen und galaktischen Kernen ausgesendet werden.

**Kosmische Hintergrundstrahlung**: Strahlung, die als Überrest des Urknalls gilt.

**Kuipergürtel**: Eine Region des Sonnensystems jenseits der Neptunbahn, die von kleinen eisigen Körpern bevölkert wird.

**Lichtjahr**: Eine Entfernungseinheit, die der Strecke entspricht, die das Licht in einem Jahr zurücklegt.

**Magnetar**: Eine Art von Neutronenstern mit einem extrem starken Magnetfeld.

**Neutrino**: Ein subatomares Teilchen mit sehr geringer Masse und ohne elektrische Ladung.

**Neutronenstern**: Ein extrem dichter Stern, der hauptsächlich aus Neutronen besteht und durch den Kollaps des Kerns eines massereichen Sterns entsteht.

**Oberflächengravitation**: Die Gravitationskraft, die an der Oberfläche eines astronomischen Objekts wirkt.

**Parsec**: Eine Entfernungseinheit in der Astronomie, die 3,26 Lichtjahre entspricht.

**Protostern**: Ein frühes Stadium in der Sternentwicklung, wenn ein Kollaps einer molekularen Wolke beginnt, aber noch keine Kernfusion stattfindet.

**Pulsar**: Ein hoch magnetisierter, rotierender Neutronenstern, der Strahlung in Form von Radiowellen, Gammastrahlen oder Röntgenstrahlen aussendet.

**Quasar**: Ein extrem leuchtendes und entferntes galaktisches Objekt, das einen supermassiven Schwarzen Loch-Kern hat.

**Rote Verschiebung**: Eine Verschiebung von Spektrallinien zu längeren Wellenlängen, die die Expansion des Universums anzeigt.

**Roter Riese**: Ein Stadium in der Entwicklung eines Sterns, in dem er sich ausdehnt und abkühlt, was zu einer roten Färbung führt.

**Schwarzes Loch**: Ein astronomisches Objekt, mit einer Gravitationskraft so stark, dass nichts, nicht einmal Licht, entkommen kann.

**Supernova**: Eine gigantische Explosion eines Sterns am Ende seines Lebenszyklus.

**Spektralklasse**: Eine Klassifizierung von Sternen basierend auf ihren spektralen Eigenschaften, die hauptsächlich Temperatur und Zusammensetzung widerspiegeln.

**Teleskop**: Ein Instrument, das zur Beobachtung entfernter Objekte durch Vergrößerung ihrer sichtbaren Strahlung dient.

**Ultraviolette Astronomie**: Studium des Universums anhand der Beobachtung von ultraviolettem Licht.

**Variable Sterne**: Sterne, deren Helligkeit sich aufgrund von Veränderungen in ihrem Inneren oder durch äußere Faktoren verändert.

**Weißer Zwerg**: Der Überrest eines Sterns, der seinen gesamten Kernbrennstoff verbraucht hat.

**X-Ray Astronomie**: Die Beobachtung von Himmelskörpern im Röntgenlichtbereich.

**Zodiakallicht**: Ein schwaches Licht am Nachthimmel, verursacht durch Sonnenlicht, das von interplanetarem Staub reflektiert wird.

**Zwerggalaxie**: Eine kleine Galaxie mit einer geringeren Anzahl von Sternen als größere Galaxien wie Spiral- oder elliptische Galaxien.

# Unser Sonnensystem

## Illustrierte Darstellung des Sonnensystems

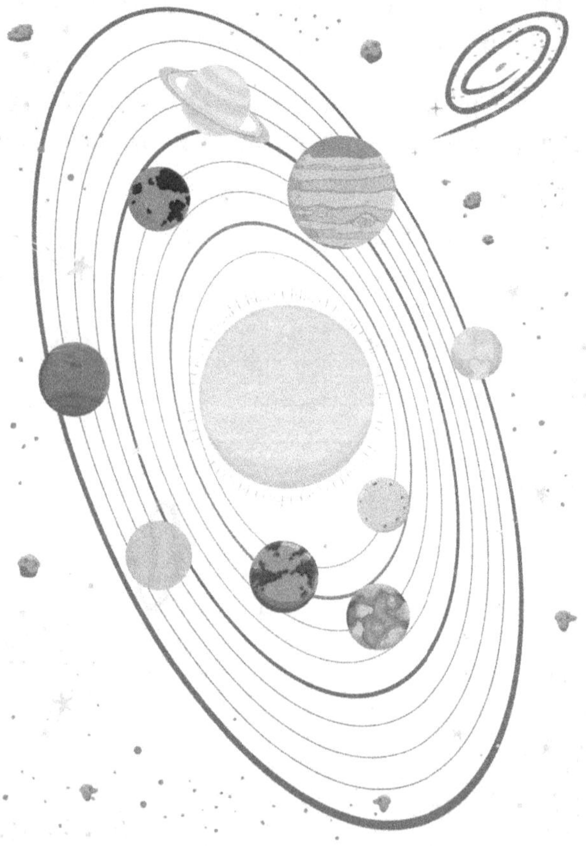

Bild @ Slab Design Studio

# Stephen Hawking

## 1942–2018

Stephen Hawking war ein britischer theoretischer Physiker und Kosmologe, der für seine Beiträge zur Theorie der Schwarzen Löcher und zur Quantengravitation bekannt ist. Geboren am 8. Januar 1942 in Oxford, England, erlangte Hawking trotz seiner Diagnose der amyotrophen Lateralsklerose (ALS) im Alter von 21 Jahren weltweite Anerkennung als einer der brillantesten und bekanntesten Wissenschaftler der modernen Ära.

Hawking's bahnbrechende Arbeit in den 1970er Jahren, die zeigte, dass Schwarze Löcher aufgrund quantenmechanischer Effekte Strahlung abgeben können, bekannt als "Hawking-Strahlung", revolutionierte das Verständnis dieser geheimnisvollen Phänomene. Seine Forschungen trugen maßgeblich dazu bei, die Gebiete der Quantenphysik und der allgemeinen Relativitätstheorie zu verknüpfen. Hawking erforschte zudem, wie das Universum kurz nach dem Urknall unter den Gesetzen der Quantenphysik ausgesehen haben könnte.

# Sir Isaac Newton

## 1642–1727

Sir Isaac Newtons Beitrag zur Astrophysik ist von unschätzbarem Wert, da er grundlegende Prinzipien und Gesetze formuliert hat, die bis heute das Fundament dieser Wissenschaft bilden. Seine Arbeiten, insbesondere in den Bereichen der Gravitation und der Bewegungslehre, haben maßgeblich dazu beigetragen, unser Verständnis des Universums und seiner Funktionsweise zu formen.

Sein 1687 veröffentlichtes Werk "Philosophiae Naturalis Principia Mathematica" (Mathematische Prinzipien der Naturphilosophie), allgemein bekannt als die "Principia", ist eines der wichtigsten wissenschaftlichen Bücher der Geschichte. In diesem Werk formulierte er die drei Gesetze der Bewegung, die bis heute den Kern der klassischen Mechanik bilden. Diese Gesetze beschreiben, wie sich Objekte in Ruhe und Bewegung verhalten und waren entscheidend für das Verständnis der Gravitation und der Bewegung von Himmelskörpern.

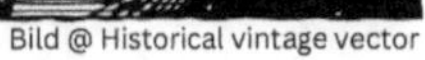
Bild @ Historical vintage vector

# Galileo Galilei

## 1564–1642

Galileo Galilei war ein italienischer Astronom, Physiker und Ingenieur, der als Vater der modernen Astronomie, der modernen Physik und sogar als Vater der Wissenschaft angesehen wird. Geboren am 15. Februar 1564 in Pisa, Italien, leistete Galileo bahnbrechende Beiträge in verschiedenen wissenschaftlichen Bereichen, insbesondere in der Astronomie. Seine Verwendung des Teleskops zur Himmelsbeobachtung markierte einen Meilenstein in der astronomischen Methode und führte zu entscheidenden Entdeckungen, die das heliozentrische Weltbild stärkten.

Galileos Beobachtungen lieferten starke Belege für das heliozentrische System, das von Nikolaus Kopernikus vorgeschlagen wurde, in dem die Sonne und nicht die Erde im Mittelpunkt des Universums steht. Dieser Paradigmenwechsel legte den Grundstein für die moderne Astronomie und war ein entscheidender Schritt auf dem Weg zur wissenschaftlichen Revolution.

Bild @ Historical vintage vector

# Albert Einstein

## 1879–1955

Albert Einstein war ein theoretischer Physiker, der weltweit als einer der größten Wissenschaftler aller Zeiten anerkannt ist. So hatte Einstein einen starken und nachhaltigen Einfluss auf die Astrophysik, insbesondere durch seine Theorien der speziellen und der allgemeinen Relativität. Diese Theorien revolutionierten unser Verständnis von Raum, Zeit und Gravitation und hatten weitreichende Auswirkungen auf die Art und Weise, wie wir das Universum betrachten und erforschen.

Sein bekanntestes Werk ist die Allgemeine Relativitätstheorie, die er 1915 veröffentlichte. Diese Theorie stellte eine grundlegende Änderung im Verständnis der Gravitation dar und ersetzte die Newtonsche Gravitationslehre. Sie beschreibt die Gravitation als Krümmung von Raum und Zeit durch Materie und Energie und hat weitreichende Implikationen für das Verständnis des Universums, einschließlich der Vorhersage von Phänomenen wie Gravitationswellen und Schwarzen Löchern.

# Edwin Hubble

## 1889–1953

Edwin Hubble war ein amerikanischer Astronom, dessen Arbeiten grundlegend die moderne astronomische und kosmologische Forschung beeinflusst haben. Geboren am 20. November 1889 in Marshfield, Missouri, USA, machte Hubble einige der wichtigsten Entdeckungen in der Geschichte der Astronomie. Hubble erhielt zahlreiche Auszeichnungen und Ehrungen für seine wissenschaftliche Arbeit.

Eines seiner bedeutendsten Werke war der Nachweis, dass es außerhalb unserer Milchstraße weitere Galaxien gibt. Vor Hubble glaubte man, dass die Milchstraße das gesamte Universum umfasste, aber durch seine Beobachtungen mit dem Teleskop des Mount Wilson Observatoriums in Kalifornien konnte er beweisen, dass Objekte wie die Andromeda-Galaxie eigenständige Galaxien außerhalb unserer eigenen sind. Diese Entdeckung erweiterte drastisch das Verständnis des Universums.

Bild @ Historical vintage vector

# Voyager 1 Raumsonde

Voyager 1 trat am 25. 08.2012 als erstes von Menschen geschaffenes Objekt in den interstellaren Raum ein.

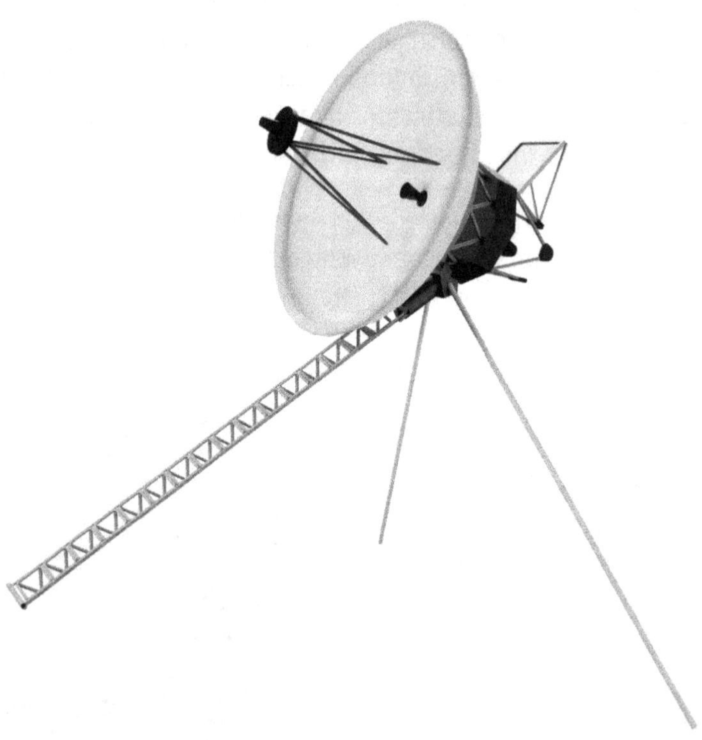

# VIELEN DANK

## Fürs Lesen!

kleinstadt